虫洞书简⑧

给青少年的286个作文素材

王溢嘉 著

台海出版社

北京市版权局著作合同登记号：图字 01-2022-1603

图书在版编目（CIP）数据

虫洞书简 . 8, 给青少年的 286 个作文素材 / 王溢嘉著 . -- 北京：台海出版社，2022.6
ISBN 978-7-5168-3293-6

Ⅰ.①虫… Ⅱ.①王… Ⅲ.①作文课—中学—教学参考资料 Ⅳ.① B84-49 ② G634.343

中国版本图书馆 CIP 数据核字（2022）第 068989 号

虫洞书简 . 8, 给青少年的 286 个作文素材

著　　者：王溢嘉

出 版 人：蔡　旭　　　　　　　　封面设计：末末美书
责任编辑：魏　敏　高惠娟

出版发行：台海出版社
地　　址：北京市东城区景山东街 20 号　邮政编码：100009
电　　话：010-64041652（发行，邮购）
传　　真：010-84045799（总编室）
网　　址：www.taimeng.org.cn/thcbs/default.htm
E - m a i l：thcbs@126.com

经　　销：全国各地新华书店
印　　刷：三河市嘉科万达彩色印刷有限公司
本书如有破损、缺页、装订错误，请与本社联系调换

开　　本：880 毫米 ×1230 毫米　　1/32
字　　数：100 千字　　　　印　　张：6.75
版　　次：2022 年 6 月第 1 版　　印　　次：2022 年 6 月第 1 次印刷
书　　号：ISBN 978-7-5168-3293-6

定　　价：49.80 元

做一只好动物

当我们说"做一只好动物"时，必然会招惹来不少"高男雅女"的娇嗔与叱责，认为它是一个人准备"自甘堕落""逞其兽性"的饰言。但我要说，这种高雅"虚无得很"，因为否认人是自然界生物的一员，乃有史以来最大的虚无主义。

古圣先贤曾发出"人之异于禽兽者几希"的喟叹。人是万物之灵，但人也一直无法摆脱他的生物学命运。我们常将人所表现出来的不好的一面，归之于"残存的兽性"，其实这是对生命的一种严重曲解。在这个星球上，最和平、最无私、最忠诚、最勤勉、最仁慈的头衔拥有者都不是人类，而是其他动物。至于最暴力凶狠、最自私奸诈、最残酷无情的形象，反倒是"非人莫属"。

"做一只好动物"的意思是，思索"人"这种动物的过去、现在与未来，以生物进化的架构、地球生态的宏观，来考察人类的"前辈们"是怎么生活的，然后有所"思齐""攻错"与"醒悟"，让人不只是"万物之灵"，更是自然界生存与生活的"模范生"。

本书的出版，源于我多年来阅读有关动物学的中外文书籍，从中撷取自觉颇具启示性的实例，以"秦亮"之笔名发表于《中时晚报》，在发表时，只求题材之多样，并无结构脉络可言。现结集出书，除调整次序，将它们分为生存适应篇、情爱家庭篇、政治社会篇、警世讽喻篇、经济致用篇、人生哲理篇外，也改动了大多数的文章题目，以使整本书的结构更加完整，思路更加顺畅，但启示是一样的。

王溢嘉

目 录
CONTENTS

目 录
CONTENTS

目 录
CONTENTS

目　录
CONTENTS

目 录
CONTENTS

 政治社会篇

目 录
CONTENTS

目 录
CONTENTS

警世讽喻篇

目　录
CONTENTS

 经济致用篇

目 录
CONTENTS

目　录
CONTENTS

人生哲理篇

目 录
CONTENTS

生存适应篇

蛾

人在江湖

蝴蝶和蛾有所谓的保护色或拟态，用以假乱真的色泽或形体和它们所栖息的环境打成一片，让敌人无法辨识，而获得生存、繁衍的机会。

英国有一种飞蛾，喜欢栖息于梨树的树干上，它那淡淡的色彩与树干的颜色正好相合。但就像人类中有皮肤较黑的人一般，这种蛾也有颜色较深的。在过去，深色的蛾停在树干上，目标突出，很快就会被小鸟发现而遭到捕杀。不过在工业化后，因空气污染严重，树干被煤烟熏得污黑，淡色的蛾因此变得醒目，常沦为猎物，反而是深色的蛾在生存上占据了优势。但近年来，因英国环保运动的成功推行，煤烟不再，淡色的蛾又获得了繁衍的机会。

启示：当环境改变时，自然就伸出它的手，淘汰一部分个体，只有适合环境的个体才能继续生存下去。

信天翁

难舍中途岛

信天翁这种海鸟，具有飞越任何海洋及在任何海域猎食的优越能力，它们可以遨游四海，但总会到固定的地方交配繁殖。位于太平洋中的中途岛，就是黑背信天翁及黑脚信天翁一直以来的繁殖地点。

当中途岛成为美国的军事基地后，在此筑巢的信天翁常成为飞机升空及着陆的障碍，因此美军运用各种手段来阻挠信天翁的到来，但都没有成功，每年仍有成千上万的信天翁在烟幕弹制造的浓烟中重临该岛。

信天翁似乎没有选择的余地，因为这里是族群的会集之地，如果有一两只鸟飞到别的岛上去栖息，它们"个人"也许可以生活得很好，但会失去交配与生育的机会，这是它们无法接受的。

启示： 盲目地驱散一个传统的族群是逼他们走上灭绝之路，上策应该是为他们集体安排另一个生聚之所。

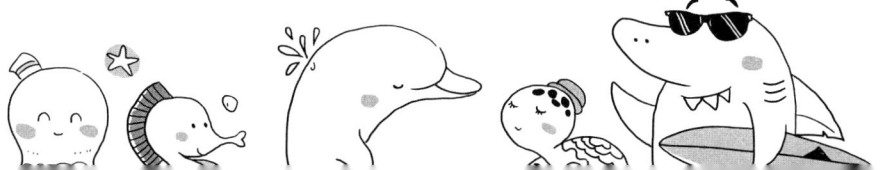

蛇

黑暗的足迹

　　自古以来，蛇就一直被认为是邪恶的象征，它们那没有四肢、蜿蜒而行的模样，还有不时伸吐的分叉舌头及斑驳的鳞片，都给人一种不自在的感觉。

　　今天，虽然绝大多数的蛇类都在地面上生活，但专家认为，有很长一段时间，蛇是在地底下生活的，很可能是一种会钻地穴的蜥蜴的后代，它们的四肢之所以会消失就是为了适应地底下的生活而逐渐发生的演化。后来不知什么原因，蛇又回到地面上，在重见天日后，它们失去的四肢无法重生，于是只好借助尚存的脊椎骨和腹鳞，并对其加以开发（蛇的脊椎骨多达一百到四百块，比其他爬虫类都多），在地面上蜿蜒而行。

　　启示：我们不要笑话蛇。在地牢关了数十年的犯人，重见天日后，也一样难以如常地生活，何况是在地穴里生活了几十万年的蛇？

昆虫

翅膀的极限

　　在电影里，我们常常可以看到巨大的昆虫（比如日本电影中的"哥斯拉"），但事实上这是不可能的。目前世界上最大的蝶蛾类昆虫，其两翼伸展开来，也没有超过三十厘米的。

　　蝶蛾类昆虫的体型受到它们呼吸方法的限制，位于身体两侧的两排气孔，是它们与外界交换气体的管道。每个气孔各有通道与体内各部位的组织相通，氧气的吸入和二氧化碳的呼出，靠的是简单的气体扩散作用，这种扩散作用距离一长就窒碍难行，虽然有些昆虫借腹部的收缩来换气，但效果相当有限。总之一句话，蝶蛾类昆虫与生俱来的呼吸方法，使它们的体型难以超过三十厘米。现在没有，过去没有，将来也不会有巨大的蝶蛾类昆虫。

　　启示：一个企业、团体或国家，会变得多庞大，需视其内部运作系统而定。

爬虫

穷日子照样过

蛇、蜥蜴、鳄鱼等爬虫类是所谓的冷血动物，而包括人类在内的哺乳类及鸟类是所谓的温血动物。

温血动物虽可以应付日夜及四季的气温变化，而有较大的生存空间与活动范围，但为了保持固定的体温，耗费了得自食物的百分之八十的能量，因此需要不断进食以补充生存所需的能源。

冷血动物不必自己制热，而靠晒太阳来吸热。

所以，若两者的体型相当的话，为了维持生命所需，冷血动物所需摄取的能量只要温血动物的十分之一就够了。像蛇、蜥蜴、鳄鱼等，它们饱餐一顿就可以维持相当长的时间，这也是冷血动物能活跃在荒凉贫瘠的沙漠中的原因。

启示：如果你以百分之八十的收入来维持稳定的体面生活，那么收入一减少，你就入不敷出了。

松鼠

天生的收藏家

松鼠在秋天时，常会收集松果，然后挖洞将它们储藏起来，作为冬粮。人们常认为松鼠的这种"未雨绸缪"是智慧的表现，但其实松鼠藏果只是一种本能行为。

德国的一个动物学家在家里养了几只松鼠，它们对吃不完的松果也会煞有介事地衔着，在房间的角落里做出拨土的动作（其实根本就没有土），然后将松果放进想象的"洞"中，以鼻尖将之压牢，再用前足做出掩土的动作，这一整套动作都是不学自会的。

而在自然界中，松鼠在秋天虽然会积极地藏果，但到了冬天不见得会把果子挖出来吃掉，也许是忘记了，也许当初藏果根本不是来自"未雨绸缪"的缜密心思。

启示：一种本能反应式的行为，常因被赋予深奥的动机，而被高估。

大象

尺有所短，寸有所长

　　哲学家叔本华曾根据自己的长相来描绘天才的特征，他说天才的脖子短，如此心脏的血液才能更快速地抵达脑部。大象的脖子也很短，却并非什么"天才"，而是进化上不得不如此的设计。

　　大象的体型之所以变得如此庞大，是为了支撑它那过大的体重。同时，为了能维持每小时二十多千米的快速奔跑，它的四条腿也变得像圆柱般粗壮，而且膝关节下降。另外，为了支撑硕大的头部，它必须将头尽可能靠近肩膀的上方，所以脖子就变得特别短。但这样一来，其头部的前俯后仰、左摇右摆都变得不灵活，加之又难以弯身饮水，于是只好长出又长又灵活的鼻子来代劳。

　　启示：对一件事情，宜避免孤立地观察，而应把它放在一个更大的结构里，才能看出它的意义。

沙漠狐

趋同演化

非洲、亚洲、北美洲和大洋洲都有广阔的沙漠，生活在这些沙漠中的动物，比如非洲撒哈拉沙漠中的耳廓狐，北美洲的赤狐、长腿长耳兔，亚洲戈壁沙漠中的刺猬，澳大利亚沙漠中的条纹袋狸等，都长了一对又大又长的耳朵。

大耳朵不仅有助于它们捕捉沙漠中的各种声音，更重要的是大耳朵具有散热功能。大耳朵的表皮下布满了微小的血管，过热的血液流经此处，微风吹过，就可使血液的温度降低。

这些动物虽然种类不同，而且相隔几千万里，但同样的环境使它们产生了同样的外形特征，这就叫作"趋同演化"。

启示： 在同样的环境诱因下，不管是美国人、中国人、非洲土著或印第安人，都会有相同的反应。

鲎

食古不化

深海中的鲎和海龟一样，在涨潮的月圆之夜，就会成百上千地到沙滩上产卵，但它们的这一共同的习性却来自完全不同的演化。

海龟是由陆龟演化而来的，虽然改到海里生活，但龟蛋仍像所有爬虫类动物的蛋，必须在陆地上孵化才能使发育中的胚胎得到氧气的供应，所以它们不得不冒着危险辛苦地回到陆地上产卵。而鲎是几亿年前就存在的古老生物，当它们活跃于海中时，陆地上还没有能掠食其卵的生物，所以它们会到沙滩上交配、产卵，这成了一种绝佳的繁殖方式。但现在，它们的卵早已成为海禽的佳肴，但它们仍固守这一习性，这就有一点"食古不化"了。

启示：同样一种行为，可能来自不同的原因与考虑。有的充满苦衷，有的则看似聪明，其实愚蠢。

鲑鱼

生命的原乡

有些鱼类可同时生活于淡水与海水中，比如鲑鱼。鲑鱼在河里由卵孵出后，在河里长大，等到成熟后就会离开这条河，开始遨游四海，有时候会游到离出生地几十千米远的地方。但过了几年后，它们会再回到幼年时代的那条河，也就是它们的出生地，来产卵。

鲑鱼是如何知道自己的出生地的呢？原因之一是它们出生的那条河有一种特别的气味，在它们脑中留下了不可磨灭的印象。科学家的实验发现，把来自其母河的河水灌入鲑鱼的鼻孔时，鲑鱼脑中的嗅叶会产生兴奋的放电，而其他河流的河水则不会有这种效果。

启示：生命初期生活环境中的种种，会在我们脑中留下深刻难忘的印象，而在某些特定时刻，会跑出来召唤我们。

金凤蝶

分裂性选择

蝴蝶虽然美丽，但生命非常短暂，而且到处是想捕食它们的敌人，例如鸟、蜻蜓、螳螂、蜥蜴等，为了求生，它们需以保护色、拟态等来保护自己。

有些金凤蝶以在外形上模仿另一种味道不好的蝴蝶来求生，有些则在外形上模仿另一种有毒的蝴蝶来逃过天敌，有些则以本来面目生存。在长期的演化下，"模仿蝶"越来越像别种蝴蝶，最终原本同属金凤蝶的三种蝴蝶在外形上产生了越来越大的差异，而彼此不再认为对方是自己潜在的交配对象，于是产生了"种的殊异化"，生物学家称此为"分裂性选择"。

启示：原本同族的人，可能因不同的仿同对象而分裂，比如印度人和巴基斯坦人。

长颈鹿

利弊互见

  长颈鹿是现存最高的动物，雄长颈鹿的身高可达八米，这使它们能吃到高处的树叶，而不必与其他动物争食。但太长的脖子也给它们带来了不少麻烦，比如它们通常只能站着睡觉，因为不容易从躺卧姿势下再站起来，躺下来就代表了危险。

  为了将血液输送到脑部，长颈鹿所消耗的能量约为正常人的二到三倍，因此它们的心脏特别大。

  喝水对长颈鹿来说也是一件麻烦的事，它们必须将两条前肢尽量叉开，低下脖子才能喝到水。狮子就经常选择长颈鹿在喝水时来突袭，所以当小长颈鹿喝水时，父母常需站在一旁保持警戒，不安地守望着。

  启示：凡事有利必有弊，长颈鹿的脖子使它们便于吃树叶却不利于喝水。当"利"趋于极端化时，"弊"也会跟着趋于极端化。

蝾螈

安于现状

蝾螈是一种原始的水陆两栖动物，像青蛙一样，它们拥有类似蝌蚪的幼体，生活于狭隘的水域中，但幼体最后会长出脚和肺，发育成可以到较宽阔的陆地上生活的成年体，这是生物进化史上的一项重大突破。

但墨西哥有一种蝾螈，当雨季特别长，也就是水量充沛而使它们原先生长的湖泊没有干涸之虞时，蝾螈的幼体就不会蜕变，而继续保持蝌蚪的形貌越长越大，甚至超过正常陆栖成年体蝾螈的大小，它们仍保留在水中呼吸的羽状腮，而且就在水中交配产生下一代，似乎懒得去见识陆地上的广阔世界了。

启示：优越的生活环境会使得一个人懒得去从事自己可以做，而且应该做的改变。

浣熊

奇异的搓洗

浣熊有一种奇特的行为：它们拿到食物后，通常会先将食物浸到水中，用手掌搓洗一番，然后再吃，所以它们才被称为"浣熊"（也有一种说法是，"浣熊"是音译名）。在动物园里的浣熊，你若给它们面包，它们也会先将面包浸到水里，虽然面包因此而"泡发"了，但浣熊还是会这样做。

现在的浣熊虽然已属杂食动物，但它们一定选择生活在有水的地方，动物学家认为这可能跟它们祖先以虾蟹等甲壳动物为食物有关。而"搓洗"行为，则是这种摄食形态的本能反应（还有一种被广泛接受的说法是，浣熊视力极差，要靠双手触摸来感知物体，所以有此行为）。曾有人想训练浣熊用手掌捡起硬币，然后把硬币丢到一个箱子里，但不管怎么训练，浣熊在捡起硬币后，还是会不停地用手掌去"搓洗"它们，就是不将它们丢到箱子里。

启示：动物天生的习性会干扰它们学习新的技能，人多少也有这种倾向吧？

蓝山雀

聪明的偷奶贼

在英国一个地方，当鲜奶每天早上送到家成为一种流行趋势时，当地发生了一件怪事：人们在早上醒来，去拿放在门口的瓶装牛奶时，却发现上面的锡箔纸已经被撕开了。有人偷喝了鲜奶，而偷奶贼居然是蓝山雀！

比人类起得更早的蓝山雀，用它们的喙撕开瓶子上的锡箔纸，以牛奶作为它们的早餐。这种举动令人讨厌，但也让人佩服蓝山雀的聪明，为什么只有蓝山雀能想出这种新颖的摄食方法呢？其实这是来自蓝山雀的一种本能动作，在当地还没有早上送鲜奶的习惯之前，蓝山雀也会不时飞进人们的屋里，用喙去撕扯壁纸，甚至书本，而这些举动对蓝山雀毫无"利益"可言。

启示：一种本能常有不同的发泄或表现途径，找对了方向就是好的、聪明的；找错了方向，就是坏的、愚蠢的。

老虎

王不见王

老虎是亚洲大陆上的兽中之王，力量大，领地也大，在猎物稀少的时候，一只雄虎的领地甚至广达九百六十平方千米。在这个领地里，有它的猎场、水源地、进行日光浴的岩石、午睡的别馆，当然，还有一只或几只独自行动的母虎。

但雄虎要捍卫这么广大的疆土，不准其他雄虎越雷池一步，有其困难。事实上，造物主也无法给予每只雄虎九百六十平方千米的"至尊隔间"，所以雄虎的领地常是彼此重叠的，它们会以不同的作息时间表来区分。比如，甲虎于早上在巨岩上晒日光浴，下午到河边溜达；乙虎则在早上到河边溜达，下午才去巨岩上晒日光浴。王不见王，彼此眼不见为净。

启示：时髦人士为了扩充自己的领地，几个人合租一栋豪华别墅，轮流使用，也算过了"虎王"之瘾。

火鸡

眼不见为净

　　绝大多数动物都有领地感，地位越尊贵的动物，所拥有的领地——私人空间就越大。很多动物学家都认为，维护自己的领地是动物的一种本能。比如当你闯进一个鸡舍，所有的鸡可能会向后退到某个角落，但原来的领地关系会因拥挤而受到破坏，于是地位尊贵的公鸡便会前后左右乱啄，要它的同伴离它远一点，试图让自己保持较大的私人空间。

　　更妙的是，有人将几只雄火鸡放到一个过小的鸡舍里，它们再怎么争斗，都无法获得足够的私人空间，最后它们想出了一个解决办法，所有的雄火鸡围成一个圆圈站立，每只火鸡的脸都朝外面，因为这样一来，自己眼前就没有碍眼的家伙了。

　　启示：人也有像火鸡一样的领地感和对策，比如在过度拥挤的公交车内，大家都尽量往旁边站，而且脸朝着窗外。

猫

童年往事

剑桥大学的心理学家曾做过如下实验：将刚出生的小猫放在只有水平线纹的窝内抚养，这些小猫在长大并离开这一奇特的生活环境后，可以毫无困难地从桌面跳到地上，但在地面上常碰到桌脚、椅脚，似乎对这些垂直式线条视而不见。心理学家用电极对这些小猫做了脑生理实验，发现这些小猫的脑中缺乏辨别垂直线条的侦测细胞。

反之，若将小猫放在只有垂直线纹的窝内抚养，它们长大后在地面上走动时，虽不会碰到桌脚、椅脚，但无法从这个桌面跳到另一个同样高度的桌面，因为它们对水平式线条的感知能力很差。

启示：生命初期的感知经验，会塑造一个人的感知模式，长大后想再改变，往往是事倍功半。

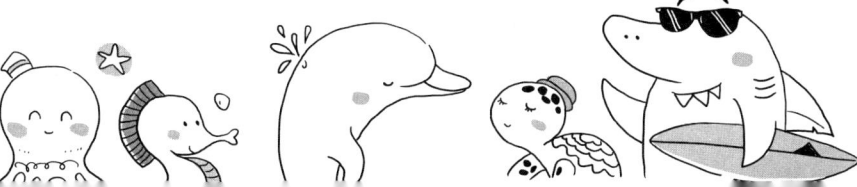

犀牛

小心眼

犀牛的身躯庞大，表皮粗厚，又有尖锐的角，几乎没有天敌。不幸的是，因为有些人相信犀牛角具有极大的药用价值，而使得它们惨遭人类的滥杀。

犀牛生性多疑，特别是黑犀牛，平时独居，若聚在一起就会打斗。不过，犀牛的这种性格并非来自人类滥杀的威胁，而是源于它的视力。

犀牛的嗅觉和听觉都不错，但视力极差，眼前七八米以外的东西可能都看不见。也许就是这个缺陷，造成了它紧张易怒的性格。它会不可预期地突然向前冲刺，又突然停下来，试探着走几步，又突然向前冲，行为难测，是非常危险的动物。

启示： 做出判断前需要信息，在缺乏或被剥夺获取足够信息的能力的情况下，人也像犀牛，会以多疑作为自我防卫。

狗

坐以待毙

狗在遭受痛苦时的正常反应是想办法躲避。在实验室里，将一只狗施以痛苦的电击，它一开始会东躲西跳，但不管它采取什么应变策略，都无法摆脱电击的痛苦，最后它便会"坐以待电"。即使后来将它放到另一个环境中，只要它跳过一个矮栅栏即可躲避电击，但它已失去了尝试的勇气。当没有上述惨痛经历的狗很快学会在栅栏两边跳来跳去以躲避电击时，这只狗仍只是呆呆地站在那里，束手无策地承受痛苦的电击。

这是美国心理学家塞利格曼所做的有关"习得性无助"的知名实验。

启示：长期置身于无所逃的创伤环境中，会使人因意志麻痹而全盘放弃，即使改变的契机来到，也只会让它白白溜走。

蛞蝓

无壳蜗牛的悲歌

蜗牛出现在地球上，已有三亿多年的历史，它们的活动领域非常广，是一种适应力非常良好的生物。

蜗牛的身体黏软，行动异常缓慢，有一个能保护它们的壳。它们缩到壳里，不仅可以免于外敌的伤害，而且可以保持体内的水分，环境恶劣时，蜗牛则干脆就不食不动地在壳内进行休眠。

蛞蝓的身体构造和生活习性与蜗牛非常相似，只是没有壳而已。没有厚硬的壳，虽然使它们的行动较敏捷，能爬过较小的缝隙，但无法防止水分的散失，这使得它们需在较潮湿的地方才能生存，碰到恶劣的环境也无法休眠，同时因"外形丑陋"而惹人讨厌，因此蛞蝓的生存能力不如蜗牛。

启示：在人类社会里，"无壳蜗牛"的生存力似乎也较差，而且也较容易"自惭形秽"。

白蚁

移民的手段

　　有些地区，在要下雨前常可以看到很多白蚁飞舞于灯下，你若轻轻一碰，它们的翅膀很快就会掉落。这种白蚁多寄居在树干或木柱中，以木材为食，虽然能将整根柱子蛀空，但身体非常脆弱，需在常温及高湿度下才能生存，一旦脱离这种环境，很快就会死亡。

　　一般的白蚁并没有翅膀，但当族群超过一定数目后，蚁后会分泌一种化学物质，使幼蚁变成有翅膀及雌雄之别的"移民"，让它们在要下雨前的高湿度条件下，飞出蚁穴，以最快的速度到别的地方去另建家园。它们通常飞得不远，而且翅膀在降落后就会脱落，然后一对对地在附近的树缝或柱隙中筑巢，开始新的生活。

　　启示：白蚁中的"移民"由蚁后赋予所需的翅膀，而人类中的移民则要靠自己想办法长出"翅膀"来。

黑鼠

意外的迁移

  黑鼠原本生活在东南亚一带的森林里，喜欢在树上攀爬，但如今它们的踪迹几乎遍布世界各地。爱在树上爬上爬下的习性，使它们对人类所造的船只一见钟情，因为黑鼠可以在木船的桅杆及绳索上灵活地上下奔窜，宛如在森林中生活一般自如，真可谓"宾至如归"。

  它们也因此而随着人类的船只，迅速地散布于世界各地。据说，英国的黑鼠是随着返航的十字军船只抵达的；南美洲的黑鼠则是跟着哥伦布的船只入侵的。船走到哪里，它们就跟到哪里，世界各地大港口的码头成了黑鼠的集散地。迁移到城市中的黑鼠，则喜欢住在高楼里，沿着壁上的各种管道奔窜。

启示： 黑鼠也许不喜欢漂洋过海，喜欢的只是木船。就像有的人也许不喜欢百货公司的货品，喜欢的只是那里的冷气。

肺鱼

度过生命的旱季

鱼类是用鳃呼吸的，但生活于非洲沼泽中的肺鱼，却有类似肺的呼吸器官，这是它们度过旱季的法宝。

原本在沼泽中悠游自在的肺鱼，当一年一度的旱季来临，沼泽里的水越来越少时，它们就会挖个洞，钻到泥地里，将身体卷成球形，而且它们会分泌黏液，将自己包起来。在沼泽完全干涸后，这层黏液会变成像羊皮纸一般的茧，兼具防止日晒与水分丧失的功能。更妙的是，它们在躲藏的地洞与外界间预留了一条管状通道，茧上的小开口就连接着它们的嘴。它们抽动肌肉，把空气送入体内类似肺的囊袋中，进行气体交换的工作。利用这种方法，肺鱼可以在洞中蛰伏几个月，等待下次雨季的来临。

启示：肺鱼看似聪明的做法其实不如青蛙，因为与其想尽办法度过生命中的旱季，不如干脆跳出那个泥沼。

苍蝇

劣币驱逐良币

苍蝇虽然令人讨厌，却是最杰出的"飞行员"，在飞行时，其翅膀振动的速度，可达每秒一千次。没有翅膀的苍蝇，就像没有腿的人，几乎是难以生存的。但在凯尔盖朗岛，到处都是没有翅膀的苍蝇，会飞的苍蝇反而难得一见。

因为该群岛经年狂风大作，有翅膀、会飞的苍蝇，一飞起来就立刻被风吹跑，反而不利于生存（在凯尔盖朗岛上，不仅苍蝇不会飞，连其他昆虫也都不会飞）。这些苍蝇并不是因长期不飞才使翅膀退化的，而是一生下来就没有翅膀，这原是使它们失去生存竞争能力的"负面突变"，但在特殊的环境中，不会飞反而使它们变成了"适者"，缺点也变成了优点，而得以大量繁殖。

启示： 劣币之所以会驱逐良币，通常是发生在异常的情境中。

马

面子与底子

我们常用"马不知脸长"这句话来揶揄某些人不晓得自己的缺点。马脸的确是太长了一点，但这绝非它的缺点，而是身为一种草原动物而不得不如此的"脸型设计"，甚至可以说是它的优点。

最早期的马，脸并没有这么长，但为了能更有效地咀嚼粗糙的青草，则必须逐渐加大、加长它的臼齿，结果就使得它的牙床变得很长。另外，在空旷的草原上低头吃草时，马还要同时注意远方的动静，防范天敌的突袭，故而眼睛长在头上越高处就越有利。眼睛长高和臼齿加长，都需要更多的空间，因此马脸就变长了，或者说具有长脸的马获得了生存上的优势，而存活了下来。

启示：有些东西是效用第一，美观第二。

小鸡

敌人的原型

老鹰是小鸡的天敌，面对此天敌，小鸡只有及早逃生的份儿。但小鸡并非仰头望天看到老鹰后再奔逃，而是先在地面上看到老鹰的影子。

有人曾做过一个实验，用厚纸板做出老鹰、野雁、天鹅等各种飞禽的模型，让它们在空中以各种姿势飞翔，而投影于地面上。结果发现，小鸡对这些影子的反应不同，只有短头、宽翼与长尾的影子才会让小鸡产生相当惊惶与逃跑的反应，因为这些影子代表的是"正在飞近自己"（俯冲而下）的老鹰。

小鸡这种对地面投影的分辨与逃离反应，乃是与生俱来的本能，刚孵出来的小鸡，看到这种影子也会惊惶逃离。

启示：也许在每一个物种的"集体潜意识"里，都有其敌人的"原型"。

大象

生命的结构

　　大象是目前陆地上最庞大的动物，而它的庞大跟它的摄食行为密切相关。大象是食草动物，它不只吃树叶，还吃树枝、硬果实等。虽然经过了可再生的臼齿的不断咀嚼，但这些含有高纤维素的东西实在很难被消化。为了让消化液和肠道细菌能充分分解纤维素，食物停留在消化道内的时间便相当长。人类所吃的食物由入口到排出体外只需不到一天的时间，但大象则要花两天半的时间。

　　因此，大象必须有一个特大号的胃，而巨大的胃部必须要由巨大的身体来支撑。史前时代，以羊齿和苏铁等为食物的恐龙，面对的也是同样的问题。它们为了消化这些难以被消化的东西，身体变得异常庞大，结果最后还是免不了走上灭绝之路。

　　启示：某些机构，为了容纳、"消化"没有什么用处的人员，结果也变得异常庞大。

岩鸽

历史的包袱

在欧洲一些大城市的广场上，经常可以看到鸽子在空中盘旋或在地上走动。这些鸽子是半野生的，它们的祖先原是生活在海边悬崖的岩鸽，在五千年前，因其肉可供食用而开始被人类饲养。

人类将它们养在鸽舍里，后来，便有一些鸽子开始在城市中流浪，过着自由的生活，并和城市中的野鸟杂交，而产生与岩鸽在外形上稍有不同的新品种。但它们仍保留着祖先的某些习性，比如喜欢在古堡或哥特式建筑墙壁的突出部分及裂缝里筑巢，就像生活在爱尔兰和苏格兰的野生岩鸽会在海崖的突出部分或裂缝里造窝一样。

无独有偶，原来在空树身内筑巢的褐雨燕，在移居到都市后，也会选择在烟囱里筑巢。

启示：一万年前，人类住在天然的岩洞里，被文明驯化后，人类还是喜欢住在四方形的"水泥洞"里。

苍蝇

真假不分

苍蝇虽属"逐臭之夫",但身为昆虫中的一员,自然界也赋予了它传播花粉的任务,比如南非的萝藦花,就是靠苍蝇来传播花粉的。

为了投合苍蝇的癖好,萝藦花不仅不香,而且还飘出一股令人不敢靠近的腐尸般的恶臭。另外,它的花朵看起来也像一块腐肉,花瓣呈棕色且略带褶皱,四围长出一根根长须,而且还散发出热气。

苍蝇对萝藦花趋之若鹜,经常穿梭往来于花间,为它们传送花粉。但萝藦花祸延于苍蝇的下一代,因为把萝藦花当成腐肉的苍蝇会在花上产卵,当苍蝇幼虫孵化出来后,它们会发现花瓣并非它们要吃的腐肉,以致最后被饿死。

启示:不管是做昆虫还是做人,都要擦亮眼睛,辨明真假,否则后患无穷。

候鸟

永恒的呼唤

候鸟的迁徙是一种本能。

在一年中的某个时期，即使是没有经验的候鸟，也会表现出典型的迁徙前不安，看着星空，一再地朝传统的迁徙方向跳跃。如果将它关在室内，让它看不到天空，它则会朝各个方向乱跳；如果将它关在长年都有灯光（等同于日光）的室内，没有明显的季节变化，它一年内仍会有两次迁徙不安。

迁徙虽是本能，但本能似乎只规划了它迁徙的时刻、方向和距离。没有经验的候鸟，若让它单独迁徙，它往往会飞到错误的地方，而无法校正地球转动所产生的偏差，这表示迁徙的路径和目的地是由后天习得的。

启示：本能只是我们某些行为的原动力，至于行为的方式和目的则取决于人后天的学习。

猩猩

口味与灵巧

从遗传基因上来看，黑猩猩和大猩猩是人类的近亲，但它们给人的观感很不一样。块头很大的大猩猩给人笨拙、驽钝的感觉，而体型较小的黑猩猩则让人觉得它们活泼、聪明，这可能跟它们的摄食行为有关。

大猩猩食素，只吃二十种草叶和果实，因为食物来源丰富，摘取方便，加上体型壮硕，没有什么生物能威胁它们，所以它们不必动脑筋，久而久之，肢体和心思都显得迟钝。而黑猩猩是杂食动物，吃的东西光是植物就多达两百种，此外还有鸟蛋、小鸟、蜂蜜、白蚁，甚至小型哺乳动物等。想吃这么多东西，以满足口欲，黑猩猩就得常常动脑筋，因此变得灵巧异常。

启示：生活"口味"的多样化，是保持活泼、灵巧心思的补剂。

狐狸

学来的精明

从西方《伊索寓言》中狐狸与葡萄的故事，及中国北方关于狐妖的传说里，我们可以窥知，人类普遍认为狐狸是一种狡猾，甚至诡秘的动物。

狐狸的确有其狡猾的一面，比如它在荒野里会装疯卖傻式地乱蹦乱跳、打滚、翻筋斗，当不明就里的猎物好奇地上前观看时，它就一跃而起，扑杀对方。狐狸也常在夜里到农家偷鸡吃，让农人防不胜防，而痛骂它狡猾。

不过，狐狸的狡猾也可能是人类造成的，因为狐狸皮是皮货中的大宗。在几千年来人们不断的猎杀中，能够免于人类毒手的，通常是动作较敏捷、头脑较灵光的狐子狐孙了。

启示：一个长期遭压迫、猎杀的民族，通常也会变得较精明。

海鬣蜥

君子之争

加拉巴哥群岛的海鬣蜥在繁殖期间会因争夺地盘而互斗。雄海鬣蜥具有非常锐利的尖牙，如果以"真枪实弹"相斗，那么双方都会严重"挂彩"，所以它们"发明"了一种较温和的"君子之争"。

先是竖起背部栉毛，张牙舞爪，耀武扬威。如果对方不知难而退，那么再欺身向前，但也不互咬，而是彼此用头盖互抵，试图将对方推离现场。一方一旦被推离现场，就表示落败，败者做出服从的姿势乖乖离开，而胜者也见好就收，不再穷追猛打。

海鬣蜥的这种温和的内斗常见于动物界，它抑制了同类间致命、相互毁灭式的攻击。

启示：很多国家拥有致命的核武器，但还是会靠沟通谈判来解决纷争。

王蛇

扮演别人

蛇有毒蛇与无毒蛇之分，能分泌毒液的蛇在生存上显然较占优势。

在美洲，珊瑚蛇是有毒的，王蛇则是无毒的，但在进化过程中，王蛇却发展出与珊瑚蛇极为相似的体色和环纹。两者的体色都是红色，环纹都是黑纹与黄纹相间，只是宽度不太一样而已。

生物学家认为，这是王蛇的"被动防卫"。当蛇类的天敌遇到王蛇时，它会误以为那是有剧毒的珊瑚蛇而避开，王蛇因此得以活下来。反之，若敌手看到红、黄、黑三色的珊瑚蛇，误认为是无毒的王蛇，而无顾忌地发动攻击时，珊瑚蛇就意外地得到了它的食物，珊瑚蛇也因被模仿而受益。

启示：做自己也扮演别人，不但无害，反而经常受益。

达尔文雀族

适应辐射

离南美洲一千千米的加拉巴哥群岛，是让达尔文产生进化论灵感的世外桃源。这座群岛上的雀亦被称为达尔文雀族，约有十多种，它们的体型和羽毛颜色大致相同，唯一不同的是其喙和习性。

科学家认为，这些雀有着同一个祖先，但因每个小岛上的自然条件不同，为了适应环境，而产生了不同的摄食行为，有的吃嫩芽和水果，有的吃小昆虫，有的吃种子，有的吃花果。这样长期演化的结果是，它们用以捕食的工具——喙也就出现了极大的差异，有的细长，有的宽短。在生物学上，这叫作"适应辐射"。

启示：人类中的素食者与肉食者，在嘴的形态上虽无不同，但在意识形态上有相当大的差异。

情爱家庭篇

蛾

致命的吸引力

蛾是蝴蝶的近亲，两者之间最大的不同点是蛾有一对构造复杂的触角。这对触角成丝状、羽状或锯齿状（蝴蝶的触角则呈简单的棍棒状），是非常敏锐的嗅觉器官，其主要用途是寻找雌蛾，以便进行交配。

多数雌蛾都会散发出一种特殊的气味，以吸引雄蛾，而有着敏锐触角的雄蛾，甚至在十几千米外都可以闻到雌蛾的气味，而意乱情迷地"闻味而至"。如果把一只雌蛾放在森林的小笼子里，不到几个小时就会有成百上千的雄蛾蜂拥而至。

有些蛾类会危害农作物，人类遂利用它们的这种习性，以雌蛾的性吸引素做陷阱，而将雄蛾一网打尽。

启示：在自然界中，会发出致命吸引力的大都是雌性，因为这种吸引力而丧命的则都是雄性。

灰雁

娶妻不辞辛劳

当雄灰雁寻找到它喜欢的雌灰雁时，会以一连串炫耀自己神勇的动作向对方求爱：先是倒竖羽毛，雄赳赳气昂昂地在雌灰雁面前来回走动，然后会在与雌灰雁非常近的地方飞来飞去。

这种近距离的起飞和着陆，需耗费相当多的体力，在平时，它绝不会做出这种无谓的、看似愚蠢的浪费体力的行为。

除了这种十分消耗体力的行为之外，雄灰雁甚至会冒着危险，在"意中人"面前飞行着去攻击站在岸边的人类，然后立刻返航，在所爱的异性面前着陆，发出"胜利的叫声"。

雄灰雁需一连表演数天，雌灰雁才会应和它，也跟着发出"胜利的叫声"，表示愿意"以身相许"。

启示：自然界之所以让雄性扮演"愚蠢"的求爱者，通常是因为这种"愚蠢"有利于种族的延续。

老鼠

哥伦布效应

将一只健康、成熟的雄鼠和一只处于发情期的雌鼠关在同一个笼子里，一开始这对老鼠会频繁交配，但经过一段"蜜月期"后，它们交配的次数就会逐渐降低。此时，如果将原来的雌鼠抓出笼子，而放进另一只新的雌鼠，那么雄鼠在新奇的刺激下，交配欲会再度被激起，交配的频率又会急速回升，开始进入另一段"蜜月期"。

在心理学上，这被称为"哥伦布效应"，老鼠的交配欲与它对爱侣的新鲜度成正比的关系。"哥伦布效应"不仅发生在老鼠身上，在猴子等灵长类身上也可以观察到类似的现象。

启示：新奇感是激发爱欲的一个重要因素，因此，不妨每隔一段时间就以新奇的面貌出现在爱侣的面前。

鸳鸯

美郎君靠不住

古人常说："只羡鸳鸯不羡仙。"在水中同游的鸳鸯常被用来象征"恩爱夫妻"。

但在鸳鸯这种鸭科动物中，较美丽的并非雌性（鸯），而是雄性（鸳）。鸳在求偶季节，会换上非常艳丽的羽毛，以吸引看起来非常"朴素"的鸯，不过在出双入对一段时间后，鸳就会对鸯"始乱终弃"。

在自然界中，鸳具有花心的倾向，并非"模范丈夫"。反而是天鹅有相当持久的"一夫一妻制"关系，雄天鹅长得和雌天鹅几乎一模一样，它虽然没有艳丽的羽毛，却只以一只雌天鹅为终身伴侣，是个"模范丈夫"。也许因为不必吸引其他异性，所以雄天鹅也就不必有艳丽的羽毛。

启示：女性选择伴侣时，一定要擦亮双眼，不能只在乎对方亮丽的外表，还要看其内在。

萤火虫

爱情陷阱

在夏天的夜晚，我们常常可以见到萤火虫一闪一闪地发着光，飞舞于草丛之间，萤火虫之所以能发光是因为它们腹部的末端细胞中的荧光素与空气发生了氧化作用。每种萤火虫发出的光的颜色、频率都不太一样，是一种独特的求偶信号。

同种的萤火虫借光来辨认对方，而进行交配。不同种的萤火虫则不交配，甚至还会互相残杀。有些种类的雌萤火虫会模仿其他雌萤的发光信号，来引诱该种类的雄萤。当热情的雄萤看到这种光时，满怀兴奋地飞近，结果往往成为对方的食物。这种雌萤的体型都要比雄萤大许多，雄萤一碰上这种雌萤就等于是羊入虎口了。

启示：爱情有时是一个闪亮、温柔的陷阱，一定要小心。

螳螂

恐怖的激情

几百年来，民间一直相传：母螳螂在交配时，会吃掉公螳螂，把它的身体作为提供自己孕育下一代时所需的食物。在很长一段时间里，科学家也相信这种说法。

但加利福尼亚大学的两位生物学家在自然而不打扰螳螂的情况下费心拍摄的录像带证实，事实根本不是这回事。在交配前，公螳螂会先在母螳螂面前表演仪式性的舞蹈，而母螳螂也会随之起舞，然后做出不具有威胁、准备接纳的姿势，公螳螂遂爬到母螳螂身上交配，最后两者会愉快地分别。以前在实验室里实验人员观察到母螳螂吃掉公螳螂的尸体，其原因是实验人员让螳螂过分地挨饿了。

启示：有些男人执拗地相信被歪曲的"母螳螂的故事"，恐怕是出于对女人未知的恐惧吧？

花京燕

金屋藏娇

生物学家大都认为，为了能够合力照顾下一代，多数鸟类才实行了一夫一妻制的生活形态。但有一些在表面上实行一夫一妻制的雄鸟，不仅有"外遇"，而且还会在外面"金屋藏娇"。

雄花京燕在林中会有一个固定领地，它在这个领地里和它正式的妻子共筑爱巢、成双入对。但当"爱妻"下了蛋，正在孵蛋时，它就会溜到它过去所建立的一个秘密领地里，引诱另一只雌花京燕。当这只雌花京燕也下了蛋，开始孵蛋时，它就又不告而别，回到"爱妻"身边，共同抚养它们的下一代。至于在另一个"金屋"中的"阿娇"，还有"未曾谋面的子女"，在无法两头兼顾的情况下，雄花京燕只好让它们自生自灭了。

启示：林中自有花京燕，人间岂无薄幸郎？薄幸郎之异于花京燕者，几希？

朝鲜
林姬鼠

恋母情结

雄朝鲜林姬鼠在向雌鼠求爱时，雌鼠通常会先逃避它的追求，但尾随在后的雄鼠若发出掉于巢外的幼鼠的叫声，雌鼠就会被它吸引，而允许雄鼠接近，最后成其好事。

雄松鼠在求爱时，也会发出像幼鼠般惹人怜爱的声音以吸引雌鼠。

鸟类也有这种雄性模仿需要母亲照顾的幼儿，以吸引雌性的情形。比如信天翁在求爱时，会快速地把喙伸向旁边，像幼鸟索食般一开一闭。而雄红梅花雀则会在雌鸟旁将翅膀拍打得啪啪响，好像在向母亲求食的幼鸟。

启示： 弗洛伊德说，这是动物版的"恋母情结"，人世间有多少男子，他所追求的亦是能像母亲般对他照顾得无微不至的妻子。

驯鹿

卧榻之侧不容他人鼾睡

北极圈内的驯鹿，因食物稀少，而需要逐水草而居。野生的驯鹿群常有争风吃醋的情形发生，年长而健壮的雄鹿会将正在成长的雄幼鹿驱逐出境，为的是避免它追求自己领地内的雌鹿，雄幼鹿只好到别处去追求自己的"人生"。

住在北极的拉布兰人，在以驯鹿作为他们游牧的"交通工具"后，对这个问题很是头痛，因为如果雄幼鹿都被赶走，那就代表财产的巨大损失。最后他们想出一个办法，那就是将成长中的雄幼鹿阉割，被阉割的雄幼鹿失去性的竞争能力，为首的雄鹿便不会再攻击它们，而它们也可以安全地留在族群里面了。

启示：古时候拥有众多妻妾的皇帝，也不允许其他男人出入他的后宫，能留下的除了远距离守卫的侍卫外剩下的只有太监。

知更鸟

覆巢之下无爱情

春天一到，雄知更鸟即忙着在林中寻找可供筑巢、育雏的地盘。在确立地盘后，它就会站在视野良好的枝头上，鼓起红色的胸羽，高歌一曲，以吸引雌鸟。雌鸟会被它动人的歌声所吸引，飞来相伴，于是"夫唱妇随"，共筑爱巢。

雄知更鸟唱歌除了吸引异性外，也有"声明"地盘所有权的用意，如果其他雄鸟胆敢不识趣地闯入，那它就会将对方驱赶出去。但如果对方存心挑衅，而自己在战斗中又落败的话，则只好将地盘拱手让人，到别的地方另寻栖身之地。此时，它会发现一件令它伤心的事：自己的"爱妻"不愿跟它离去，而是留在巢内和新鸟结伴。

启示：真正吸引雌鸟的并非雄鸟动人的歌声，而是建立及维护家园的能力，人类岂非亦如此？

蜜蜂

吃软饭的"小白脸"

蜜蜂的社会是一个分工合作的社会，一个蜂巢由一只蜂王、数百只雄蜂和成千上万只工蜂组成。蜂王专司产卵；工蜂（雌蜂）则负责建巢、采蜜、哺育、守卫等各项工作；只有雄蜂最轻松，它们成天无所事事地游荡，唯一的任务就是与蜂王交配。

雄蜂的巢室多半分布在蜂巢的边缘地带，它们懒做且好吃，只会向辛苦采蜜回来的工蜂讨要食物，是十足的"小白脸"。每到秋冬之际，当巢里的食物缺乏时，工蜂就会合力将这些雄蜂赶出巢外。什么也不会的雄蜂，最后只好在野地里饿死、冻死，结束它们不光彩的一生。

启示： 在人类社会里，也有着不少无法自食其力的人，缺少生存技能的他们，在失去价值后，下场往往也比较凄惨。

造园鸟

美丽的香巢

在新几内亚和澳大利亚，有十七种造园鸟，雄鸟会在森林里的地面上建造漂亮的亭子，作为炫耀、求偶和交配的场所。它们通常是在林地里选择一个适当的场所，将枯枝败叶清除掉，然后捡一些色彩艳丽或光洁的花、叶、浆果、细枝等来造园。有的以有银色光泽的叶子铺成平台，有的则在入口处以细枝架成一个拱门，然后以鲜花彩果装饰墙壁，其中有一种缎蓝亭鸟甚至会把炭和它们的唾液一起调成颜料，粉刷墙壁。

在人类出现在它们的栖息地之后，它们更是开始捡拾人类丢弃的色纸、瓶盖、塑料玩具、金属片、纽扣等来装饰它们的亭子。一般说来，本身羽色越素淡的造园鸟，越会将它的庭园装饰得更艳丽。

启示：在人类社会里，女性常用化妆品、耳环、项链、鲜艳的衣服等来装扮自己，以让自己更美丽。

三趾鸥

爱人效应

三趾鸥的繁殖方式相当特别。在繁殖季节，它们会成群结队飞到阿拉斯加西北部、阿留申群岛及格陵兰岛沿岸的海岛上，先来的三趾鸥并不因天时地利之便而先行交配繁殖，它们要等到岛上同伴的数量足够多，到处洋溢着爱的聒噪声及走动的身影时，才会"爱火中烧"，而开始挑选配偶。生物学家将此称为"爱人效应"——因看到别人狂热的爱意，而激起自己的爱欲，并通过这种相互刺激，而使整个族群"爱到最高点"。

其他海鸟也有这种现象，有人认为本来数量很多的旅行鸽的绝种，就是因为族群的数目低到一个限度后，它们无法产生"爱人效应"，不再交配，才走向灭绝的。

启示： 本身没有恋爱兴趣的人，在看到身边的人都坠入爱河后，也会倍感孤单，想要恋爱，这也是一种"爱人效应"吧？

海马

怀孕的爸爸

　　绝大多数动物都是由雄性向雌性求爱，但是有一种海马是由雌性强迫雄性接受它的爱。雌海马看到雄海马时，先是绕着雄海马游泳，展露它绚丽的色彩，然后用它有力的尾部抓住雄海马，前后摇晃，最后将它的卵注入雄海马体内的腹囊内，随后就不负责任地游走。

　　雌海马的卵就在雄海马的腹囊内受精、发育，雄海马便成了"怀孕的爸爸"，在大约五十天后，大腹便便的雄海马全身会做痉挛性收缩，"生"出小海马。因为这种特殊的生殖形态，雄海马变得比雌海马更小心，会谨慎地选择它的伴侣，而雌海马则较具攻击性，也较花心。

　　启示：在生育行为中，投入较大、负担较大的一方，理所当然会成为谨慎者。

鸡

饭票与爱情

　　鸡、野雉和孔雀，在交配前有一种共同的仪式化行为：公鸡想引诱母鸡过来时，会先在地上拨土，然后好像发现食物般，边发出叫声，边用喙啄地面，衔起小石子之类的东西，朝母鸡做出"邀食"的动作，母鸡若答应它的邀约，跑过来在它面前找食，公鸡就可以遂其所愿。

　　雄雉和雄孔雀也有类似的行为，只是当雌性走过来后，雄雉和雄孔雀还会展开它们美丽的尾羽，有规律地摆动，以吸引雌性。这种仪式化行为除了表示鸡、雉和孔雀有着共同的祖先外，也表示以邀食来得到伴侣的青睐是造物主所设定的一种策略。

　　启示：在人类的两性关系中，"长期饭票"等用语与这种仪式也有异曲同工之妙。

企鹅

投石示爱

　　雄鸟在求偶时，除了鸡、孔雀等以喙啄地面的邀食仪式来示爱外，会筑巢的鹭等则以衔一根树枝或草的筑巢仪式来示爱，这似乎都在向对方表示自己是个"可以托付"的配偶。

　　企鹅虽然属于鸟类，但它们不筑巢，也不吃陆地上的食物，不过它们求偶时还保留着鸟类的这种习性：雄企鹅会用嘴衔起一块小石头，放在它心仪的对象面前，如果对方接受，那就表示好事可成；如果对方置之不理，那雄企鹅便只好另谋出路。但因企鹅的性别有时难以从外表分辨，因此雄企鹅们偶尔还会搞错，如果对方是愤怒地啄那块石头，并且准备兴师问罪，那就表示对方也是雄企鹅。

　　启示：投其所好前，先了解清楚对方。

老鼠

暗示动人

当雄鼠和处于发情期的雌鼠被关在同一个笼子里时，雄鼠体内的性荷尔蒙分泌即会增加，这可以说是一种"性的期待"与"性的准备"。

得克萨斯大学的生理学家做了一个有趣的实验：在雄鼠看到发情的雌鼠之前，先让它们闻一种鹿蹄草油的气味。在经过十四次的双重暴露后（闻到鹿蹄草油味，即出现诱人的雌鼠），很多雄鼠在只闻到鹿蹄草油的气味后，即使没有雌鼠出现，其体内性荷尔蒙的分泌量也会加倍，这些荷尔蒙是让雄鼠准备性行为的动员令，但在药理上，鹿蹄草油是不具任何性刺激作用的。

启示： 任何暗示亲密行为即将来临的线索，不管多荒谬，都能让人兴奋。

犀鸟

苦守寒窑

有着巨大的喙的非洲犀鸟，生活于密林中，以水果为主食。它们行的是标准的一夫一妻制，终生不换配偶。

犀鸟的巢多半筑在离地面很高的空洞树干内，在交配之后，雄鸟会衔来泥土将鸟巢的入口封闭，只留下一个能给雌鸟送进食物的小洞，洞口的大小只有雌鸟能伸出喙尖的空隙大小。

从下蛋、孵蛋到雏鸟出生，以及将雏鸟喂养到半成熟的阶段，雌鸟都困在这近乎密闭的狭小空间内（有的长达几个月），唯一的期待就是在外面的雄鸟能定期从小洞中送进食物。到雏鸟长得差不多时，才由雄鸟或雌鸟自行啄开洞口，此时雌鸟才能重见天日。

启示：犀鸟虽是恩爱夫妻，但还是以雌鸟甘心过禁闭的生活为前提，人类中的某些夫妻不正也是如此吗？

寒鸦

妻以夫为贵

欧洲的寒鸦过着营群体生活，常成群结队地在空中遨游，它们的整个群体就类似于人类的一个小部落，以家庭为单位，团体中的每个成员均彼此认识，而且有休戚与共的一体感。

既然是个社会，就有阶级之分，雄寒鸦依其战斗力而定出尊卑，雌寒鸦则以其"夫婿"的地位来决定自己的尊卑；"未婚"的雌寒鸦自成一个小圈子，也各有其地位。当地位尊贵的雄寒鸦"娶"了地位卑贱的雌寒鸦时，这只雌寒鸦立刻飞上枝头变凤凰，跟着高贵起来，所有过去轻视它的雌寒鸦都会立刻对它另眼看待，毕恭毕敬。有时候，这只"凤凰"还会傲慢自大起来，而回头去欺侮以前瞧不起它的雌寒鸦。

启示：妻以夫为贵，相信在人类的历史里，我们也看到过不少这种"雌寒鸦"。

鬣狗

男性化的女王

鬣狗是常见于非洲草原的食肉动物，在某些地区，其数目甚至比狮、豹、猎狗的总数还要多。鬣狗喜欢成群出猎，它们凶残勇猛，连狮、豹都要让其三分。但鬣狗群的首领是雌性，雌性鬣狗不仅比雄性鬣狗块头大，而且更具攻击性，最奇特的是其性器官更为突出，以致古罗马人误以为鬣狗是"半阴阳"，每年改变一次性别。

现代科学家检测过鬣狗血液中的性荷尔蒙，发现雌性鬣狗王血液中的雄性激素的浓度比雄性鬣狗还要高，而族群中地位最低的雄性鬣狗，其血液中的雄性激素的浓度也比其他的雌性鬣狗还要低。高浓度的雄性激素和雌性鬣狗的生理构造及攻击性显然密切相关。

启示：人的强弱有时与性别无关。

矶鹬

谁是老板

矶鹬是一种由雌性当家的鸟类，雌鸟的体型比雄鸟大，而且羽色也较艳丽。当交配季节来临时，雌鸟先抵达湖畔，展开领地之争，后到的雄鸟则忙着筑巢，获胜的雌鸟在雄鸟筑好的巢内与之交配，产卵后又飞到别的鸟巢中与另一只雄鸟交配，孵蛋主要是雄鸟的责任。

动物学家认为，矶鹬的这种两性关系是一种生存适应，因为它们的蛋常被掠夺者夺走，所以雌鸟必须多交配、多产卵，而由不能产卵的雄鸟担负起孵育的工作，如此才能使种族延续下去。

雄鸟不只孵蛋，还要育雏，在入秋后，雌鸟无事一身轻地先飞离繁殖地，雄鸟要等雏鸟孵出后才带着它们的子女离开。

启示：不管是男人还是女人当老板，他们表现出来的支配者的属性永远大于性别的属性。

老鼠

爱的地盘

雄鼠的尿中含有性吸引素，它每到一个地方，会以很快的速度，将小滴的尿液撒在周围，一方面吸引雌鼠，一方面向其他雄鼠表示这是它的势力范围。

若将雄鼠抓来放进笼中，它就会在笼子四周撒尿；若将两只雄鼠放在一个大笼中，但中间隔开，则每只雄鼠会各自在自己的势力范围内撒尿；若将中间的隔栏打开，两只雄鼠就会打架。在打得分出胜负后，再用隔栏将其分开，那么胜利的老鼠会如之前一样撒出很多尿在自己四周，而战败的老鼠虽也仍旧撒尿，但已不敢撒得那么多，它对雌鼠的吸引力自然也就减弱了许多。

启示：在人类中也是一样，在对抗中胜利的男人对女人较具吸引力。

狐猴

女强人

马达加斯加岛上的狐猴，是原始的灵长类之一，它们在这个岛上已孤立生活了几千万年。

在已知的所有狐猴中，都是以雌性为尊。当毛色黑白相间的无尾狐猴栖息于树上时，占据树上高处（食物较多）的总是雌猴，雄猴只能分据于较低的枝丫上，只有在雌猴饱食之后，雄猴才敢爬上高枝找果实吃。

圆尾狐猴则雌雄分群而居，但当两者接触时，也是雌性占上风。曾有动物学家目睹过一只雌猴跳到一只雄猴领袖身上，抢走其荚果，并掌掴它的实景。在大多数情况下，总是雌猴打雄猴，而雄猴很少还手。

启示： *所谓"阴阳殊性，男女异行。阳以刚为德，阴以柔为用。男以强为贵，女以弱为美"，完全已过时了。*

火鸡

情不自禁的母爱

母火鸡是动物界里的好母亲，会不时地将小火鸡拢在自己的翼下呵护，为它们清理羽毛。但母火鸡的这种"母性"只有在小火鸡发出独特的叫声时，才会表现出来，而且不管任何东西，只要能发出这种叫声，母火鸡就会"情不自禁"地流露出母性。

臭鼬是火鸡的死对头，当火鸡看到臭鼬时，就会狂怒着攻击对方，即使看到的是臭鼬的标本，亦如此。但如果在臭鼬的标本里装一台小录音机，让其发出小火鸡独特的叫声，母火鸡则不仅不再攻击它，反而会将它拢到自己的翼下呵护它。不过录音机的声音一停掉，母火鸡就又一脚踢开它，再度攻击它。

启示：人类的思想及行为，亦有类似母火鸡"母性的刻板模式"，比如看到一个人"流泪"，我们就会"感动"。

蜥蜴

不需要男人的女人

在亚美尼亚共和国及美国西南部、墨西哥北部，有几种蜥蜴以"处女生殖"来繁衍下一代。这些蜥蜴族群是清一色的雌性，没有雄性。在繁殖季节，雌蜥蜴的卵在分裂前，染色体会先复制，然后产生在基因上保持完整，而且与母体完全一样的卵。这些卵孵出来的蜥蜴，当然也都是雌性。

研究者发现，这些雌蜥蜴在排卵前，会有"假凤虚凰"的行为，由一只雌蜥蜴扮演雄蜥蜴，与另一只雌蜥蜴"恩爱"一番，然后互换角色。这种"假凤虚凰"不仅可以刺激它们排卵，而且似乎是对古老但不知为什么消失的异性交配行为的一种延续。

启示：女性的强大超乎想象，能突破生理上的弱势，甚至生物上的局限。

鸽子

懒惰的"漂亮人"

有很多人喜欢养鸽子，但鸽粪中的隐球菌会让抵抗力低的人患上致命的脑膜炎。养鸽人会不惜花费大量金钱，为鸽子建造美丽的房舍，但通常过不了多久，鸽舍就被弄得里外全是粪便。

在鸟类中，鸽子是有名的"懒惰人"，不会打扫、清除窝巢内的粪便等，任凭粪便在巢内堆积如山，它们也安之若素，有时候甚至还吃自己的粪便。这些脏东西经常引来虱子、蟑螂等"逐臭之夫"，而为幼鸽带来一些麻烦。

在被人类饲养后，"打扫房间"由主人代劳，它们变得更加养尊处优，整天舒展亮丽的羽毛在空中嬉游，忘了脏乱不堪的"家"。

启示: 有些人把自己打扮得光鲜漂亮，并不表示他的家也干净清爽，漂亮与懒惰常是一体的两面。

山魈

自体拟态

    山魈是生活于热带丛林中的猴类，与狒狒是近亲，因此亦被称为彩面狒狒，因为它们的脸部有鲜艳的色彩。雄山魈的鼻子呈鲜红色，两颊为青蓝色，红蓝相间，极为惹眼。但如果你往下看，会惊奇地发现，其外生殖器及其周围与其脸部有着极为相似的形状和色彩，可以说它的脸部几乎就是其下体的再现。

    动物学家将此称为"自体拟态"，认为当灵长类动物采取直立或半直立姿态活动的机会增加后，在"上面"与"前面"复制"下面"及"背面"的求欢信号，有利于它们生殖功能的发挥。

    启示：动物学家认为，自体的一部分器官会模拟另一部分器官，如人类女性的乳房是臀部的"拟态"。

狒狒

亲密示好

发情的雌狒狒将泛红的臀部朝向雄狒狒，诱引其与之交配，以完成自然交付的传宗接代的任务，这原是一种典型的雌性性行为形态，之后它却被雄狒狒用来作为彼此打招呼、问好的一种仪式。

在阶级分明的狒狒社会里，当两只雄狒狒相遇，地位较低者在与地位较高者擦身而过时，会翘起臀部朝向对方，以这种示好方式来缓和对方的情绪，向对方表示问候。地位较高的雄狒狒甚至还会象征性地骑到对方身上一下，以示亲昵。雄狒狒会模仿雌狒狒的这种动作，显然有"亲密的顺服"之意。

启示： 要"示爱"而不是"作战"，某些亲密举动常成为缓和攻击的一种象征。

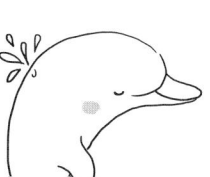

黑熊

母子离别树

孩子长大了，总要离开父母去过独立的生活，很多动物幼崽都难以割舍它们的母亲，此时，有不少母鸟或母兽会以粗暴的举止让它们的子女识趣地离开。会爬树的黑熊则会以一种令人感伤的方式来演出这场母子离别戏。

小熊和母熊原是形影不离的，当黑熊母子在路上遇见敌人时，母熊会将小熊赶到树上去，而单独对付敌人，等到安全时，再把听话地抱着树干的小熊叫下来。当离别的时刻到来时，行走于路上的母熊会一如往常看到敌人时般，将小熊驱赶到树上，它自己则默默地离开。等到听话的小熊因时间过久，自己从树上下来时，却已不见了母亲的踪影。

启示： 孩子长大了要独立，母亲要勇于放手。

素食鸟

为儿女"破戒"

　　在发育中的幼儿需要蛋白质，鸟类无法像哺乳类动物那样以富含蛋白质的乳汁来哺育幼雏，但出于一种本能，它们会找含有丰富蛋白质的食物来喂小鸟。这对以捕鱼为生的鸟类来说不成问题，因为鱼类富含蛋白质，它们只要捕些小鱼或以半消化的鱼肉来喂雏鸟就可以了。

　　但平日以高热量而低蛋白质的水果、种子为食的素食鸟类，就需要改变它们的觅食习惯，改抓昆虫（富含蛋白质）来喂雏鸟，不过它们自己还是照样"吃素"。曾经有人目睹一只主教雀含着满嘴昆虫在返巢途中，将昆虫放到地上，自己吃些向日葵种子果腹，再衔起昆虫回巢喂雏的场面。

　　启示：母鸟为雏鸟破戒，给它们吃富含蛋白质的昆虫；父母则为婴儿"破费"，总想把最好的东西留给子女。

海象羊

认养孤儿

母海象及企鹅从海中带回食物，很多小海象及小企鹅会过来讨食，但母亲只喂养自己的子女，而将其他乞食者赶开。不过，如果小海象或小企鹅不幸在哺育期间死亡或走失，母海象及母企鹅有时就会将它们的母爱转移到其他嗷嗷待哺的孤雏身上，形同"认养"。

但有些动物，比如母羊，即使在自己的小羊死掉后，它们也不愿将自己多余的奶水用来哺育其他羊的孤儿。牧羊人于是想出一个办法，将死掉的小羊的皮毛剪下来，绑在失去母亲的孤羊身上，母羊看到亡儿的皮毛，以为是自己的子女，或者是"睹物思情"，因而母性大发，会开始照顾失去母亲的孤羊。

启示：要爱别人的子女如同自己的子女并不容易，亲情虽然自私，但它亦是博爱的基础。

帝企鹅

为谁辛苦为谁忙

南极大陆的帝企鹅为了繁衍后代，付出了相当大的心血。雌企鹅一次只下一个蛋，下完蛋后，它便会长途跋涉到不结冰的海岸觅食，负责孵蛋的雄企鹅，则将蛋塞入腹部的肉褶中保温，然后和其他雄企鹅背对着风雪站在一起取暖孵蛋。为了减少体力消耗，它们几乎是一动也不动地站着。六十天后，蛋孵出了小企鹅，减轻了三分之一体重的雄企鹅已变得虚弱无力。

此时，雌企鹅会适时回来，长胖的它们吐出半消化的鱼喂小企鹅，然后改由饿坏了的雄企鹅外出觅食给小企鹅吃。如此由父母轮流觅食、喂食，直到春天来临。

启示：最多的劳苦与最大的牺牲，往往是父母为子女付出的，它的感人之处在于父母并不求回报。

猩猩

失窃的母爱

　　在动物园里，猩猩、黑猩猩及大猩猩等类人猿若生下小宝宝，常是一则引人注意的社会新闻，其中最兴奋且最忙碌的恐怕要属动物园的管理员了，他们忙着给小家伙喂奶、换尿布，将它搂在怀里哄它睡觉，好像那就是自己的孩子般。而它真正的母亲，反而没事般地乐得在一边享清闲。

　　也许有人认为人类不应该"剥夺"它们做母亲的权利，但事实上，这些在兽栏里度过大半辈子的母猩猩，因缺乏到大自然中生活的机会，根本不知道如何照顾它们的子女，若将小猩猩交给它们照顾，小猩猩通常很快就会死掉，所以动物园管理员才不得不越俎代庖。

　　启示：即使是有着母爱的本能，也必须经过学习才能学会养育儿女。

负鼠

有限的生存机会

美洲的负鼠是文明世界最先接触到的有袋类动物。美洲负鼠的妊娠期极短，受精后十二天就会被排出母体，此时的幼负鼠尚未成形，只是一小团粉红色的块状物，大小跟苍蝇差不多。胚胎有一个较大的卵黄囊提供营养。卵黄囊消耗完了，幼负鼠就必须排出母体。它们会本能地由母亲的生殖口往上爬，经腹部而进入育儿袋中，这段距离虽只有八厘米，却是它们一生中最危险的一次旅行，有半数会死在途中。

在好不容易抵达育儿袋后，幼负鼠也不见得前途似锦，因为母负鼠的育儿袋里只长了十三个乳头，先到者先占一个乳头，吸吮赖以活命的乳汁，排名在第十三以外的"后进者"，找不到乳头，只能活活饿死（负鼠一次最多生产二十余只幼仔）。

启示：人类社会也是如此，有限的资源相较于庞大的人口基数，总是"供不应求"。

企鹅

小小"托儿所"

企鹅的模样，就像是穿着大礼服的绅士。它们不仅长得像人，下面这种行为也与人类非常类似。

婴儿阶段的小企鹅由父母寸步不离地轮流照顾，但到了幼儿阶段，小企鹅则被父母送到一个类似托儿所的地方，和其他小企鹅在一起，由几只未婚的年轻企鹅守护、照顾。

父母则双双外出"上班"——到海里寻找食物。等找够了食物，它们再回到"托儿所"外，只要轻叫一声，小企鹅就急忙地从"托儿所"里跑出来，跟着父母离去。父母再把食物从口里吐出，送到小企鹅的口中。如果是"托儿所"里别的"小朋友"跟出来求食，大企鹅则会将它踢开。

启示： 企鹅为了觅食，而不得不将儿女送到"托儿所"，这和大多数人类的境况是一致的。

猴

母子的距离

　　母子连心，但无法连体。灵长类动物在成长过程中一再面临如下的两难局面：一两个月大的小猴子攀附在母猴身上，感到无比安全，但又忍不住想到附近和年纪比自己稍大的猴子们一起玩耍。最后，它离开了母亲，和别的小猴子快乐地玩在一起。不过，如果它走得稍微远一点，就又会被母亲叫回来。

　　一个母亲允许孩子离它多远，随动物的种类及孩子的年纪而异。比如恒河猴，母亲允许它两星期大的孩子离它近四米远，超过这个距离就会将它叫回来；而块头很大的大猩猩，却在小猩猩四个月时，才允许它离自己三米远。

　　启示：人类母子间的社会距离最大，不过那不是孩子离开母亲，而是母亲离开孩子。

雀鸟

粒粒皆辛苦

鸟类育雏相当辛苦，其中最辛劳的可能要数体型娇小的雀类了。以小昆虫为食的小山雀，一窝能生好几只幼雏，只只嗷嗷待哺，需要大量的食物。有人计算过，为了捕虫育雏，小山雀一天之内进出"家门"的次数可达九百次。

而以松仁为食的交喙鸟（为了撬开松仁，这种雀的喙成交叉式，故名"交喙"），要哺育一窝育雏，每天需找三千多粒松仁，在二十五天的抚育期中，共约需八万五千粒松仁。每一粒松仁都要交喙鸟用它特殊的喙撑开松果的硬壳，再用舌头把松仁抽取出来，等半消化之后，才吐出来喂养幼雏，真是"粒粒皆辛苦"。

启示：现代人类婴儿在哺育期，也要喝掉近百罐奶粉，而且每一罐奶粉父母都会努力挣钱去买尽可能好的，或者母亲想尽各种方法让自己分泌更多的乳汁。多辛苦啊！

猴

替代的母亲

心理学家哈洛曾做过一个实验，他将刚出生的小猴隔离开来，而以两只"人造母猴"来喂养它们，一只由铁丝编制而成，一只则是木制且外套绒布的。两只假母猴的体型大小、温度均与真母猴一样，且在乳房的部位装上了一个可让小猴吸吮的奶瓶。

结果发现，小猴较喜欢"布偶假母"，由"布偶假母"喂养的小猴经常攀附在"母亲"身上，有较多的安全感与自信心。反之，由"铁丝假母"喂养的小猴，接近"母亲"似乎只是为了吃奶而已，"母亲"那硬邦邦的身体难以依附，结果，这些小猴就变得较缺乏安全感，日后也出现较多的情绪障碍。

启示：与母亲有更多肌肤接触的孩子，能感受到更多的爱与温暖，也更有安全感。

政治社会篇

猕猴

王国的和平分裂

日本猕猴常一两百只群居，俨然一个小小的王国，有猴王、猴爵、猴副官等统治阶级及一般的"老百姓"。

科学家观察受到人类保护的猕猴群，发现了一个有趣的现象。

原来只有二百二十名成员的猴群，在六年中，"人丁"暴涨成五百八十名，猴王和五名猴爵、十名猴副官越来越难以有效统治及平息族群中的纷争。此时，生活于王国边陲地带的猴群中，便产生了一个新的领导者，它纠集其他五只年轻力壮的公猴，另立门户，成为"革命团体"，但"中央政府"无力讨伐，于是越来越多的公猴及母猴加入这个集团。十个月后，王国终于"和平分裂"，一个新的猕猴王国由此诞生。

启示：在人类社会里，一个大家族乃至一个大帝国的分裂，多少也是循着这种模式。

蜜蜂

接班与分封

　　蜂王是蜜蜂世界里的领袖。每一个蜂巢里只有一只蜂王，它吃最好的食物，寿命最长，但也负担着繁衍后代的重任。蜂王死后，工蜂即会拥立新王，但不是彼此夺权，而是以蜂王浆长期喂食最后一批卵孵化出来的幼虫。不过由此抚育出来的"准蜂王"通常会有很多只，它们经过一番争斗，最强的咬死其他较弱的，于是又重新定于一尊。

　　当蜂巢内的蜜蜂数目过大时，工蜂也会另立新王，但此时是由老蜂王率领约一半的"旧部"，到其他地方另起炉灶，而把旧巢留给刚被拥立的新王。

　　启示：看看蜜蜂如何解决权力继承及分封问题，实在是令人类汗颜！

蚂蚁

分享的美德

大家都知道，蚂蚁有分享食物的美德，当一只工蚁在路上发现糖水后，它会吸饱，然后立刻回巢，利用嘴对嘴的反刍动作，将吃到的糖水吐一些出来给它遇到的同伴。

社会生物学家威尔逊为了研究这种食物分享的程度，用放射性物质标识的糖水喂一只黑蚁，然后用特殊仪器追踪这种放射性物质在蚁群中分布的情形。令他惊讶的是，一只工黑蚁带回的糖水，在二十四个小时内，已遍及巢中所有工蚁的体内。当相互回馈的时间延长到一个星期时，这种放射性物质几乎是等量地平均分布在巢中所有蚂蚁的体内了。

启示：蚂蚁王国是乌托邦般的理想梦土，每一只蚂蚁的生产都属于全族群。无论这种美德是来自后天环境，还是来自遗传基因，都值得人类学习。

狒狒

统驭有方

　　非洲稀树草原上的狒狒结群而居，数十只组成一个团体，每个团体都有一只雄狒狒为首领，它是族群中最孔武有力的。但要统驭一个族群，狒狒首领靠的不只是强壮、聪慧和好斗而已，它还有一些统驭的技巧。

　　比如它会给属下一些特权，让它们有较多的行动自由，以巩固领导中心。当部属间发生争执时，虽然这些争执不仅不会对它的首领地位构成威胁，反而有在潜在的觊觎王位的狒狒之间制造矛盾、分化的效果，但它一定会出面干涉、制止，加以"整治"。而且它对族群中的弱势团体，诸如怀孕、哺乳的雌狒狒以及小狒狒等，也有一定的关怀，并加以保护。

　　启示：人类社会的领袖，很擅长将狒狒首领的这种统驭术加以发扬光大。

麋鹿
猴

代理性的权斗

具有社会阶级的群居性动物，年轻的一代必须在社会阶梯上攀爬，以确立它们日后的地位。确立地位最常见的方式是打斗，当两只少年麋鹿在为地位而格斗时，在一旁心焦的母鹿常会介入，助它的儿子一臂之力。当然，对手的母亲也会跟着加入。

年轻一代的争斗很少是站在平等的立足点上的，因为它们多少承袭了来自母亲的地位，像猴、兔等动物，地位高的母亲所生的子女拥有很多生存上的优势。这种"贵族子弟"常在母亲的庇护下，向同侪甚至年纪比它大的猴、兔发起挑战，然后经由母亲从旁协助打败对手，一步步地爬上领导阶层。

启示：打开中国史，在后妃与皇子间的夺权斗争中，有那么多的"母子战斗共同体"，与其有相似之处。

公鸡

为和平而战

如果将几只原本不属于同一群体的公鸡放到庭院里，它们做的第一件事是打架，你啄我、我啄你，这是公鸡在一个新局面中的争权夺位。

这种互斗可能会持续两三天，若仔细观察，我们可以发现几乎每只鸡都和其他的鸡交过手，它们打的不是"淘汰赛"，而是"循环赛"。胜场最多的公鸡，地位最高，它可以在它的手下败将之前最先啄食，占据最佳的位置；败者在接近它时，必须将尾羽下垂，如果对方不知轻重，它可以不客气地啄它。在打过一圈巡架，建立彼此的地位及尊卑关系后，这些鸡便开始在庭院里和平相处。

启示：建立层级的地位制，常是抑制攻击，让一个团体和平相处的必要手段。

瞪羚

不战而屈人之兵

同种的雄性动物常为了食物、交配及地盘而争斗。当两只雄瞪羚在非洲草原上狭路相逢时，常彼此看不顺眼，它们会先站在一段距离之外互"瞪"对方，抬头挺胸展示自己的体格和双角。如果对方不知难而退，它们就将头转到一边，彼此靠近，并不时摇晃双角，好让对方能看清自己坚强有力的双角，然后仰头，展示自己白花花的喉部。

在互相估量对方的实力后，自认略逊一筹的一方通常会退避。但如果吓阻无效，一场短兵相接便在所难免，两只雄瞪羚便以双角缠抵，互相推挤，直到有一方松开它的双角，退后认输为止。

启示：善战者，不战而屈人之兵。展示实力，以吓阻对方，亦是人类惯用的争斗手段。

海盘车

身体分裂

像五角星星的海盘车生活于海床底部，它们靠每只"臂膀"下成千的管足来行走。在走动时，五只臂膀的管足都朝同一个方向运动，这是因为每只臂膀都有一条神经通往位于口器周围的中枢神经环，由中枢神经环来协调五只臂膀的整体运动，使其方向一致。

但如果将这个中枢神经环切成两半，五只臂膀的运动则会失去统合而独立行动；如果左边的神经环命令它支配的臂膀向左走，而右边的神经环命令它支配的臂膀向右走，两方互相拉扯的结果，就是海盘车可能被扯成两半。

好在被扯成两半的海盘车，会再长出失去的臂膀，而变成两个全新且完整的个体。

启示：当一个团体的领导中枢分裂，一边要向左走，一边要向右走时，看来只有变成两个全新、独立的团体了。

鱼

最好的隐藏

在大海里，较不具攻击性的鱼常成群结队地活动，这种鱼群是开放性的团体，只要是同种的鱼都可以加入，鱼群中的成员互相并不认识，它们甚至缺乏有力的领导者，但这种鱼群是为了对付捕食的敌人而形成的"防卫团体"。

鱼群成群结队而行，虽然目标非常明显，但因捕食者在捕杀前，需先决定它所欲捕杀的对象。当它瞄准群体中的一只时，被瞄准的对象可以很快闪进群体里；捕食者又必须再度瞄准新的对象，于是又发生同样的现象。结果捕食者会因不断更换目标而产生混乱，这种混乱的效果正可以减少鱼群被猎杀的数目。

启示：大隐隐于市，不也是这个道理吗？

狒狒

夺权策略

  狒狒过的是营群体生活，雄性之间阶级分明，占支配地位的雄狒狒通常是靠好勇斗狠而上位的，它常以高压而凶残的手段压制它的下属，并将群里所有发情的雌狒狒视为私有，其他雄狒狒只能找群中未成年或不在发情期的雌狒狒进行交配。

  但位于下阶的雄狒狒也不是省油的灯，它们经常起而反抗，反抗的方法通常是由两只较弱的雄狒狒建立同盟关系，联手对付想要剥削它们的高阶者。而在争取交配权时，则是由一只雄狒狒向高阶者挑衅，当高阶者在追逐这只挑衅者时，另一只同盟者则会趁机和发情的雌狒狒交配。

  启示：团结就是力量，这种力量不仅是为了反抗压迫，经常也是为了获取利益。

羚羊

内斗的法则

羚羊头上的一对角显然是一种攻击武器，文献里曾有直角羚以角刺狮的记载。但在演化过程中，这种武器的主要功能逐渐变为求偶时的内斗，而非对抗外敌，所以很多羚羊的角都变得向后弯，比如马羚、瞪羚等，有的甚至呈螺旋状，比如扭角林羚等。

如此一来，雄羚羊在相斗时，以羊角相互勾缠比力气，也不致严重伤害到对方。反之，有着又直又长的尖角的直角剑羚，两雄反而不敢真正相斗，只能彼此挺立，做出挑战、威吓的姿态，空有一双利角，却无用武之地。

启示：在内斗时，以致命的武器杀死对方，是伤天害理、违背自然法则的恶行。

行军蚁

人海战术

南美洲的行军蚁，体型虽小，但它们所组成的蚂蚁军团，让绝大多数的动物都望而却步。

在幼蚁所分泌的化学物质的刺激下，蚂蚁军团开始成群结队地迁移，一支军队约有十五万只蚂蚁。带着幼蚁的工蚁在队伍中间，十二只排成一列，有着巨大颚部的兵蚁则担任前锋和两翼护卫。一窝蚂蚁要通过一个地方，需花上好几个小时。

兵蚁一发现食物，大军便蜂拥而上，片刻即将猎物吃得一干二净。蚱蜢、蜥蜴、雏鸟均难逃其魔掌，连被拴着的牛羊，它们也照样攻击。在猛虎难敌猴群的情况下，大多数动物看到这批蚂蚁雄兵，也都是走为上策。

启示： 团结就是力量，我们也一直这样被教导。

裸鼹鼠

团队精神

东非的裸鼹鼠跟欧洲鼹鼠一样，也是在地底下生活，但它们演化得更彻底。裸鼹鼠不仅毛发脱净，而且视力很差，体形就像是一根腊肠，且以植物在地底下的球根及块茎为食，可以说是完全过着不见天日的生活。

它们以家族为单位群居，挖掘地道也是群体进行，在最前面的一只，用它外突的门牙疯狂地挖土，然后将土抛到后面一只的脸上；后面一只再将泥土聚在自己的后腿间，踢到后面一只的脸上。如此反复进行，直到将所有的泥土抛出洞外为止。这种团队合作比一只老鼠单独去挖掘要来得快速而省事。但有一个先决条件，喷得满脸的泥土不能伤害到眼睛，所以它们干脆把眼睛越变越小。

启示：要大家合力完成一件辛苦的工作，不只要"睁一只眼，闭一只眼"，最好是大家"闭起眼睛"赶快把它解决掉！

素食动物

各取所需

在非洲草原上，有四十多种大型哺乳动物以植物为食，但它们很少因争食而发生打斗。自然的演化使它们在摄食行为上产生和谐的区隔作用，比如小牛吃粗草、斑马吃青草、黑斑羚吃嫩草。

如果某种草是数种动物所喜爱的食物，那么每种动物便只吃某一生长阶段的草，彼此仍能相安无事。

吃树叶的动物，各依身高而吃位于不同高度的枝叶，可以在一起分享同一棵树。它们甚至连进食的时间也加以区隔，有些在白天进食，有些则在晚上。这数种因素结合在一起，使我们经常可以看到不同种的素食动物在一起也能和谐相处。

启示：要避免冲突，除了利益的公平分配外，恐怕还需要有利益的区隔。

珊瑚虫

众志成城

珊瑚虫是小型腔肠动物,身长在三到三十厘米之间,它们以一种特异的群体生活保护自己。每只珊瑚虫自海水中吸收二氧化碳和钙元素,将其转变成碳酸钙,与其他珊瑚虫形成钙质共同体,就好像一个巨型的公寓。

每只珊瑚虫的水螅体都藏身在如同堡垒一般的钙质共同体内,只伸出触手和口器来捕食。这个钙质共同体就是我们平日所看到的珊瑚。有些造礁珊瑚会形成珊瑚礁,虽然其造礁的速度很慢,一年才能扩大几厘米,但在热带海洋中有很多巨型的珊瑚礁,其中最大的是澳大利亚东岸的大堡礁,绵延两千多千米,甚至从月球上都可以看得到,其工程之浩大,比万里长城有过之而无不及。

启示:众志成城,人类在这方面的表现也不逊于珊瑚虫。

蝗虫

饥饿的难民

生长于非洲撒哈拉沙漠边缘的蝗虫，通常独居，它们虽以植物为食，危害并不大，但若因干旱而致草木枯死，食物的缺乏便会使蝗虫自然地聚集在少数有植物的地区。环境的拥挤会使得这些蝗虫的内分泌发生变化，它们因此产生体型、体色及行为习性都不同的下一代。

其中最大的不同是子代蝗虫在成熟后，会结成巨群，吃光某一地区的植物后，又迁徙到另一个地区继续啃食，而形成"蝗虫过境，寸草不留"的蝗灾。

移徙的蝗虫可以遮住半个天空，飞行长达几十千米的路程，落到哪里，哪里就遭殃，对农作物的侵袭及生态的破坏，让人望而生畏、闻风丧胆。

启示：在人类历史上，也一再出现因饥饿而结集的难民，他们的四处流窜及掠夺一如蝗虫。

欧洲野兔

阶级悲欢情

欧洲野兔在交配季节开始之初，雄兔和雌兔各借一系列的打斗来建立阶级关系。在打斗中脱颖而出的最高阶雌兔，拥有在兔群生活圈的"中心地段"筑巢的特权。这是它的领地，同时这个领地也处在雄兔的领地内，是整个族群中最安全、最舒适的筑巢地点。也因此，它成了最成功的母亲，它所生的小兔的存活率也最高。

反之，因战败而阶级最低的雌兔，则只能到族群生活圈的边陲地带筑巢。它们的巢穴均较简陋，交配的机会也少，而所生的小兔也容易成为从外闯入的掠夺者的猎物。

启示：在人群聚居的大多数地方，中心地段住的也是地位较高、生活条件较好的人；而城市边缘住的则是地位较低、生活条件较差的人。他们靠另一种争斗来定位。

希屈
里德鱼

泄愤的对象

　　希屈里德鱼是一种极具攻击性的鱼，雄希屈里德鱼为了维持它的领地，会攻击同类雄鱼。

　　在自然环境中，它不会攻击不同种的雄鱼，也不会攻击同种的雌鱼，因为周遭总会出现同种的雄鱼。在大水族箱里，雄希屈里德鱼也有同样的行为。但如果将水族箱中的其他同种雄鱼都移走，只剩下一条雄希屈里德鱼，则这条雄希屈里德鱼积蓄的攻击能量就会开始指向原先被它忽视的其他族群的雄性鱼类。如果把水族箱中的所有其他族雄鱼都移走，这条雄希屈里德鱼最后即开始攻击同种的雌鱼。这是它在有适当攻击对象时绝对不可能出现的行为。

　　启示：一个人的攻击能量需有适当的发泄，否则易伤及无辜。

织布鸟

树上的公寓

鸟类筑巢是一种本能。在非洲西南部有一种织布鸟，不仅筑巢，而且还集体筑巢。它们叠床架屋般的鸟巢像蜂窝，又像人类的公寓般密密麻麻，所以这种鸟又叫作"公寓鸟"。

公寓鸟筑巢时，会先选择一棵大树，大家合力用树枝搭出一个大平台，然后用粗草茎铺成一层又一层的茅屋状的屋顶，最后再各自用细草茎"隔间"，分隔出属于自己的巢室。

公寓里的"居民"共同维修、扩建属于大家的地基和屋顶。这种大鸟巢不仅可以让织布鸟躲避当地特有的烈日和暴风雨，而且可以传给下一代，因此，这种鸟巢通常可以维持数十年。

启示：同样住在公寓里的人类，有些人却是"各人自扫门前雪，莫管他人瓦上霜"，缺乏命运共同体的意识。

吸血蝙蝠

同享血食

　　哥斯达黎加的森林中盛产吸血蝙蝠，它们主要吸牛、马等家畜的血。这是一项相当辛劳的工作，它们需花约二十分钟的时间在牛、马身上凿个创口，然后用舌头舔食流出来的血。因为牛、马在刺痛中常会在地上翻滚或将蝙蝠踢开，所以有些蝙蝠忙了一整夜，仍是空腹而归。

　　科学家经实地观察发现，饱腹而归的蝙蝠，在回到森林的巢穴后，会将自己辛辛苦苦获得的血吐出来与其他饥饿的同类分享，特别是因妊娠或哺乳而无法外出猎食的雌蝙蝠。而且这种分享不限于有血缘关系的蝙蝠间。

　　启示：吸血蝙蝠虽然样貌丑陋，却有一颗善良的心。它们的这种利他行为，足以让多数人类感到羞愧。

黑猩猩

三个和尚没水喝

在自然界，黑猩猩已能使用简单的工具，比如将树叶弄皱变成海绵状，去吸取岩壁缝隙中的水，也会用树枝去探查窝内的蚂蚁等，甚至能通过丢石头来做自我防卫。

在实验室里，将一根香蕉悬在黑猩猩拿不到的高处，而在不远的地方放几个箱子，它很快就能学会将三个箱子叠在一起，以拿到香蕉。但如果将三只学会这种技巧的黑猩猩聚于一室，高处悬着三根香蕉，则在叠箱子时，每只黑猩猩总是去拿别的黑猩猩已经放好或叠好的箱子，结果谁也没有办法叠好三个箱子而拿到香蕉。

心理学家认为，这是因为黑猩猩缺乏语言沟通，而无法进行需彼此合作、协调的行为。

启示：在人类社会里，三个和尚没水喝，不也正是因他们吝于用语言沟通、协调吗？

白蚁

千层大楼平地起

　　白蚁的冢，可能是生物界最伟大的建筑。非洲常见高大的白蚁冢，由十吨沙土堆积而成，有三四个人高。蚁冢内部四通八达，可供几百万只白蚁生活，这座坚固的城堡，就像科幻小说里的"千层大楼"。

　　高温和缺氧是蚁冢必须解决的问题，白蚁便在蚁冢四周架起高大而壁薄、像烟囱似的通风管，并利用日照引起空气对流来解决这个问题。它们甚至挖隧道，抽取地下水来帮助散热。在多雨的地方，蚁冢则像一个大蘑菇，让雨水能滑顺地流下，而不致破坏蚁冢。这样巨大、复杂而精巧的建筑，全是由视力极差的工蚁各自携带一小块泥土堆积起来的。

　　启示：法国著名作家纪德，在这种自然的神秘召唤下曾说，如果能重新开始人生，他愿意改行研究白蚁。

水牛

盲目的直觉

在自然界里，野生的水牛常五六百只结集成群，牛群越大，察觉其敌人接近的机会就越大。当有一只或数只水牛开始朝某个方向奔跑时（通常是发现了敌人），其他的牛也会不管三七二十一朝那个方向奔跑（虽然它们根本没有看到敌人）。于是烟尘滚滚，等大家盲目跑了一段时间后，有一只停了下来，于是其他的水牛也会跟着停下来，这就是所谓的"牛群直觉"。

科学家认为，这不只是牛群，亦是其他食草动物保护自己的本能，它们如果落单，就会成为食肉动物的猎物。即使不知道为什么，但跟着大伙儿一起行动，总是比较保险。

启示：在我们万人攒动的股市里，多数人以"牛群直觉"来进行买卖，但他们迟早会成为猎物。

鬣狗

理性的生存法则

    非洲草原上的鬣狗是食肉动物，它们没有狮、豹等猫科动物强而有力的颌与爪，体型也比其猎物羚羊小很多，但它们以分工合作的团队精神来克服其生存上的弱点。

    群居的鬣狗总是轮流猎食，部分鬣狗留下来守护幼狗，部分鬣狗集体出猎。它们在草原上围攻落单的牛羚或瞪羚，在猎物倒地后，它们便立刻把一块块的肉都吞下肚里，回到巢穴后，再吐出些肉给留下来守护的鬣狗吃，留守的鬣狗吃完后，又会吐出一些肉来喂幼狗，下次再改由留守的狗出猎。

    启示：工作轮换、义务分摊、利益共享是在恶劣环境下维系团体于不败的理性法则。

猴狐

用心良苦的谎言

　　动物虽不会说话，但会发出各种独特的叫声，以传达彼此的讯息，我们说这是它们的"语言"也不为过。动物的叫声，最常见的是求偶声、警报声与发现食物时的叫声，都与生存、繁殖有关。

　　向同类示警的警报声被认为是出于本能，但有一位科学家在原野里发现，一只猴子会为了终止其他同类间的缠斗，而发出代表"豹来了"的警报声。另外，母北极狐想要叫它的孩子们散开来觅食时，也会假装看到敌人，向小狐发出警报声，好让它们立刻分散开来。这似乎表示，较聪明的动物也已学会了"说谎"，而且是"善意的谎言"。

　　启示：猴子喊"豹来了"是在替别人着想，而人类喊"狼来了"却是为了作弄别人。

沟鼠

识别敌我

沟鼠常结群而居，但它们的团体属于排他性的闭锁团体，当团体大到一定程度以后，为了分辨属于己群的个别成员，沟鼠会彼此在尿里面做记号，而制造出共同的"团体气味"，然后以这种气味来辨别敌我。

如果将一只属于某群的沟鼠抓出来，单独留置数天，然后再将它放回去，它必会遭到众鼠的攻击，因为在这期间，它已经丧失了"团体气味"。反之，如果将这个团体成员的尿液涂在一只别群的沟鼠身上，然后将它放进这个团体中，它则因着有着"团体气味"而被接纳。

启示：嗅觉不发达的人类，只能用制服、证件、口令等来识别敌我。一个忘了口令的士兵，可能就像失掉气味的沟鼠，立刻受到自己人的攻击。

蚂蚁

通讯密码

当一只蚂蚁发现食物时，很快就会有一群蚂蚁排着队来搬运，这是因为发现食物的蚂蚁，在将食物搬回窝里去时，会沿路分泌一种信息素，叫作"追迹激素"。这种化学物质在两分钟内即会挥发掉，但在这段时间内，可向距离四十厘米内的蚂蚁传递消息。

闻到追迹激素的其他蚂蚁，即会顺着路径来搬运食物，同时自己也分泌追迹激素留在原来的路上，于是一传十，十传百，大家纷纷沿着前人开辟的道路来搬食物，彼此在路上相遇，还会用触角相碰，好似在互道"辛苦了"！

启示：我们说蚂蚁是一种合群的生物，因为它们几乎没有所谓的私欲。有好处的话，蚂蚁立刻会告诉其他蚂蚁，让大家一起来分享。

狗

勇于示弱

狗咬狗，是我们时有见到的一种场景。两只狗先是耸鼻咧嘴，吓唬对方，然后就互相攻击。这看起来是相当猛烈的战斗，但其实很少会给对方致命性的伤害。

在互咬时，有一方若发觉不敌对方，通常会拼命逃走，胜者通常见好就收，不会赶尽杀绝。败者甚至会借助服从的行为来结束战斗，比如它会背部朝下，四脚朝天，露出毫无防卫的腹部，还稍微撒一些尿，这是小狗向母亲撒娇的行为。面对这种情况，胜利者通常会以照顾小狗的方式舔战败者的身体，而化干戈为玉帛。野狼也有这种行为。

启示：人类在互相攻击时，常存置对方于死地之心，若学会及时示弱，人世间便可少一些纷争。

老鼠

人口爆炸

在一个有限的居住环境中，不能有太多老鼠。比如在四十八只老鼠已是饱和的居住环境里，若住了八十只老鼠，那么尽管食物及筑巢的材料均充分供应，鼠群中也会开始出现自我毁灭的行为。

雄鼠间会有经常性的恶斗，并莫名其妙地攻击雌鼠与幼鼠。有些雄鼠变得极具攻击性，有些则变得退缩、被动，雌鼠也不再筑巢与照顾幼鼠，社会秩序完全崩溃。最后同类相食，没有一只幼鼠能长大成鼠。活下来的老鼠也都有内分泌功能失调等问题。特别是位卑的老鼠。

启示：过度拥挤的都市虽然繁华，却也是泥淖，人与人之间要亲密接触，也要保持适当的距离。

鹈鹕

快乐的捕鱼郎

鹈鹕又名塘鹅，是最大型的水鸟，身长可达一百七十厘米。它们最有趣的特征是有一张又扁又长的大嘴巴，下巴上还有一个呈戽斗型的悬垂喉囊，这是它们用来捕鱼的"鱼网"。

鹈鹕喜欢群居，捕鱼时也采取集体行动，方法是一二十只鹈鹕在水中围成一个马蹄形，边叫边拍翼，把鱼群围逼到岸边，然后各个张开大嘴，连鱼带水都网进大嘴里。它那具有弹性的喉囊，容量可高达八九升。在鱼儿成为网中物后，它们再把大嘴下垂，让河水排出，最后再慢慢享用困在喉囊里的鱼儿。这种合作猎食的方式在鸟类中是相当少见的。

启示：鹈鹕因合力捕鱼，可以在花费较少时间及体力的情况下，吃到较多的鱼。

警世讽喻篇

貂

怀璧其罪

貂，又称貂鼠，属于鼬鼠科，分布在欧亚大陆及北美洲寒冷的地带。在冬天，貂靠着一身厚重的皮毛来御寒。当大雪纷飞时，貂身上原本暗色的厚毛会换成白色，而且活动的范围越靠北，其过冬的皮毛就越白，这使它们在雪中获得掩护，而能逃避猎食它们的天敌。

不幸的是，它们厚重、雪白的毛皮引起了人类的觊觎。人类不是要吃它们，而是想剥它们的皮来做貂皮大衣。十九世纪初，某家公司一年内从加拿大运出的貂鼠皮，就高达四万五千件——原本有利于貂鼠生存的厚重皮毛，竟成为让它们丧生的罪魁祸首。

启示：穿上貂皮大衣的人，需要更加严密地保护自己，因为他们也成了其他人类觊觎的对象。

苍头燕雀

权贵的装扮

在苍头燕雀中，雄鸟和雌鸟的羽色有显著的不同，雄鸟的胸羽呈粉红色，而雌鸟则呈褐橄榄色。当冬天来临时，雄鸟和雌鸟会争斗，占上风的雄鸟即成为支配者。

鸟类学家马勒做了一个实验：他在一群笼中饲养的苍头燕雀中，随便挑出一只雌鸟，将它的胸羽涂成鲜艳的粉红色，再将它放回笼中。结果发现，这只改变羽色的雌鸟立刻成为雌鸟群中的支配者，其他雌鸟看到它时，都表现出驯服的模样（回避、让路），它的地位甚至也凌驾于某些雄鸟之上。但如果又将它的胸羽恢复成原来的色泽，则它的地位也跟着下降。

启示：用装扮自己的行头提高身价，正是人类服饰心理学的要旨。

杜鹃

大恶乃有大名

　　杜鹃的叫声凄切，常牵动旅客思归，所以又名"思归鸟"。但实际上，杜鹃没有"家"，是一种非常独特的"寄生鸟"。

　　在鸟类繁殖季节，形似老鹰的雌杜鹃会在它选中的别种鸟——比如柳莺的巢边飞翔，等柳莺离巢躲避后，它便飞到柳莺的巢里，衔走其中一枚蛋，随后自己产下一枚与柳莺蛋类似的蛋。回巢的柳莺继续孵蛋，杜鹃的幼雏会比柳莺的幼雏先孵化出来，初生的杜鹃会本能地把巢中其他的蛋推出巢外。蛋落地破裂，结果它成了柳莺"唯一的孩子"，独占柳莺辛苦找回的食物，等羽翼丰满后，就不告而别。

　　启示：人们美化杜鹃，说什么"杜鹃泣血"，其实它们的行为比吸别人的血更残酷！真是大恶之人乃有大名。

海葵
小丑鱼

共犯结构

　　小丑鱼和海葵是动物界中互利共生的典型例子，小丑鱼捡食海葵吃剩的食物残渣，而海葵则靠小丑鱼清除口中的废物。

　　但它们的互利共生行为不止如此，附着在岩石上的海葵，以如花瓣似的触手捕捉猎物，分泌毒液将之麻痹，然后吞食。但海葵难以移动，只能静待猎物上门，而小丑鱼就成了诱敌上钩的饵。小丑鱼会在海葵伸开来的漂亮触手间游来游去，引诱其他小鱼，使它们对海葵不存戒心，也想到其中嬉游，结果就成了海葵的餐点。小丑鱼则以海葵为避难所，在遇敌时，它就逃到海葵的触手间甚至口中躲避，海葵却不会对它施放毒液。

　　启示：在人类的诈骗集团中，也必然存在着像小丑鱼这样的饵，让人放下戒心，而在不知不觉间上钩。

水牛
海狮

敌情观念

北澳大利亚的野生水牛，原是一种温驯而可亲的动物，除非受到惊吓，否则它会允许闯入者进入离它们约三十米内的近距离范围内而相安无事。但自从人类开始大量猎杀野生动物后，水牛开始害怕人类，现在一看到人类（特别是带枪的人类）出现在八百米外，甚至只听到人声，它们就开始逃跑，而躲过可能的一劫。

但生活在加拉巴哥群岛的海狮，虽然能迅速逃离海中敌人的魔掌，不过也许是因为从未在陆地上有过敌人的关系，它们竟难以学会人类是它们新的恐怖敌人这回事。所以即使同伴成百上千地被人类捕杀，它们也不懂得"走为上策"，结果岛上的很多海狮都绝种了。

启示： 无法认知、学习新态势，特别是具有新威胁的人，在被淘汰出局时，可能还不知道是怎么一回事。

象龟

莫据要路

在印度洋的各岛屿中，原本有很多长一米多、重两百多千克的大海龟，因其体型巨大、形似大象，因而有"象龟"之称。动物学家相信，它们是非洲大陆上普通小龟的后代，在几万年前，攀附在植物上漂流到马达加斯加岛，后来再散布到各岛屿上。因为在孤岛上没有天敌与争食者，所以它们的体型竟日渐庞大起来，连壳都变软了。

但在欧洲大航海时代后，这些象龟开始遭殃，成了最受欢迎的新鲜肉源。在被大量捕捉后，到了十九世纪末，印度洋中所有的象龟几乎都绝迹了——只有阿尔达布拉岛上的除外。这个岛上目前还有十几万只象龟，不是因为它们有什么特别的求生方法，而是因为阿尔达布拉岛离主要航线太远，水手懒得光临。

启示：到远离南来北往交通要冲的偏远地方生活，也不失为一种延年益寿之道。

岩雷鸟

善变的颜色

适应色亦称保护色。能随季节环境而改变体色的动物，较具生存优势。生活于北极的岩雷鸟，夏天时，其羽毛呈褐色，很难和岩石及地衣区分开；秋天时，岩雷鸟的羽毛换成灰色；冬天时，则变成白色，与周遭的皑皑白雪浑然一体。

雨蛙在绿叶之间时，身体会呈绿色。但一跳到落叶间，其身体就变成灰褐色。

墨鱼遨游于白砂海底时，其身体呈白色，但当它一游到海底呈黑色的地方，它的身体就会变成黑色。更妙的是，如果黑色的海底有白色的物体，墨鱼则会换上一身黑白相间的颜色。

启示：不坚持体色的动物似乎可以活得更久，不固执己见的人似乎也可以活得更愉快。

锯蜂

扰敌妙招

锯蜂幼虫的天敌是蚂蚁，蚂蚁会先派出斥候蚁去搜索锯蜂幼虫聚集的处所，在发现后，就沿路留下追迹激素，让工蚁们闻味而至，将幼虫搬回家。锯蜂幼虫软绵绵的，无任何攻击性武器，但它们有一种独特的扰敌招数。

它们会分泌一种从松针中收集的树脂加工制造而成的化合物，将之沾在斥候蚁的头和触须上，这不仅可以使斥候蚁一下子分不清方向，找不到回家的路，而且这种化合物还类似于蚂蚁的"警报素"，结果闻到这种气味的工蚁都纷纷逃走，甚至在这只斥候蚁回巢后，它身上的气味还会使蚁群误认为它是敌人，而对它群起而攻之。

启示：抹黑对手，离间敌人，是一种非常古老的生存竞争策略。

猎豹

小人易为

非洲草原上的猎豹是动物世界里的短跑冠军，它由静止开始起跑，两秒钟内便可有时速六十千米的速度，奔跃中最高时速可达一百一十二千米。因此，在捕猎它最喜欢的猎物羚羊时，猎豹常公然走向羚羊，逞"一时之快"，以快如闪电的速度追赶它选定的目标。

但这种追猎经常失败，因为猎豹的耐力不足，高速短跑只能维持四百五十米左右的距离，超过这个路程未追上猎物，它就不得不放弃。所以有时候它会偷偷摸摸靠近猎物，在潜到距离猎物背后约三十米之处时，才乘其不备猛然跃起，这样成功的机会反而比较大。

启示：虽然本领高强，但也要讲求方式方法。

鲑鱼

坎坷返乡路

属于溯河洄游性鱼类的鲑鱼，在河中出生，于海中成长。当早春来临时，成熟的鲑鱼即会在一种神秘本能的驱使下，回到自己出生的河流，溯游而上，到上游去繁殖。

奔返原乡的鲑鱼队伍，数目常达几千条，甚至几万条之多，前后绵延几十千米。沿途除了急湍、瀑布、水坝等必须克服的环境障碍外，还有大熊、水獭等天敌的袭击。但最可怕的敌人还是人类，人类利用鲑鱼这种不可能回头的"思乡症"，在它们必经的河段设网围捕，结果使鲑鱼的返乡之旅成了死亡之旅，能真正回到原乡的鲑鱼反而成了少数。

启示： 从小就离开故乡到外地谋生的人，在事业有成后就想要"衣锦还乡"，但沿途也可能充满了风险。

麝牛

死亡之饵

结群而居的麝牛，是一种很有爱的生物，如果有同伴受伤，则在它还活着时，其他麝牛都会留下来陪伴它，不会弃它而去。

在原野里，这原是对付它们主要的天敌——野狼最好的方法，因为只要不落单，野狼就很难得逞。

从进化的角度来看，这种同伴之间的爱因有利于族群的生存而受到了强化。但在人类出现后，这成了让麝牛趋于灭绝的一个可悲因素，当人类用箭或用枪射伤了一头麝牛后，其他麝牛不仅不会跑开各寻生路，反而会留在受伤同伴的身边，结果整群麝牛都成了被猎杀的目标。

启示：同伴之爱成了死亡陷阱，实在是残酷的嘲讽，但似乎只有人类才能做出这种事来。

白尾鹿

调虎离山

带着小鹿的雌白尾鹿在看到山猫时，会连忙将小鹿推到隐蔽的草丛洼地处，然后自己好像受伤一般，一跛一跛地行走于草原之上，以吸引猞猁的注意。当猞猁追过来时，它即放弃伪装，立刻又健步如飞地奔跑起来。等到摆脱危险后，雌白尾鹿再回到小鹿藏身的地方，发出亲切的叫声，一动也不动地躲着的小鹿才又高兴地回到母亲身边。

北美的双领鸻在看到敌人时，也会先对雏鸟发出警告声，等到雏鸟都静静地趴伏在地面上躲藏时，它就会像一只折翼而飞不起来的鸟一般在地上"奔逃"，等到敌人靠近，在间不容发之际，它才忽地展翅凌空而去。望空兴叹的敌人只好到别处猎食。

启示：一个人在危难之际，不掩饰反而暴露出可欺的弱点，通常是"用心良苦"的。

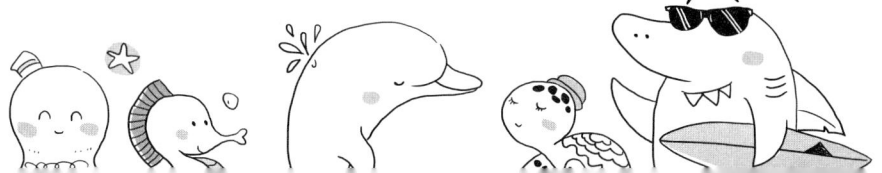

鸟

敌为己用

鸟类是有羽毛保暖的温血动物，这使它们的皮肤成了虱子、跳蚤等寄生虫的天堂。因此，鸟类身上常有多种让它们烦恼的寄生虫，虽然有时候它们会抬起双翅，用喙去清理羽毛根部，挑出寄生虫，但效果有限。

在此情况下，有些聪明的鸟类就请蚂蚁来帮它们驱虫。方法是蹲在蚁巢上，故意去激怒蚂蚁，被激怒的蚂蚁就会爬到它们身上，在它们羽毛下的皮肤上乱叮乱戳，虱子和跳蚤就受了池鱼之殃。更妙的是，愤怒的蚂蚁会分泌蚁酸，而蚁酸就成了这些鸟类求之不得的杀虫剂。在蚁酸的扫荡下，虱子、跳蚤死伤无数。

启示：引来外敌，经常是为了对付内部的敌人，但一定要注意，不要"请神容易送神难"才好。

豪猪

最脆弱的地方

豪猪的身体肥硕，行动缓慢，身上长满了有倒钩的刺毛。在平时，这些刺毛服帖地覆盖在豪猪身上，但一遇到危险，刺毛便会立刻竖立起来。刺毛被敌人一碰，就会从豪猪身上脱落，对方被刺毛刺到后，不仅非常疼痛，而且伤口还会溃烂，因此很多食肉动物多半不敢惹豪猪。

但豪猪仍有它的致命弱点，那就是它贴地的腹部是光溜溜不长刺毛的。虽然它遇到危险时会缩成一团，刺毛向外，但身手敏捷的渔貂仍能避开豪猪的刺毛，伺机把豪猪翻转过来，攻击它光溜溜、毫无保护的腹部，然后大快朵颐。

启示：一种固若金汤的防卫，它最脆弱的地方一定是在内部。想办法从内部下手，才能克敌制胜。

吼猴

虚张声势

　　南美洲雨林中的吼猴，是世界上聒噪的动物之一。它们结群而居，天一亮，就开始吼叫，结果"一呼百应"，整个族群中不分男女老少，都吼成一团。而在远方的另一个吼猴族群在听到声音后，也会不甘示弱地大吼特吼，于是整片森林都弥漫着此起彼伏的吼声。

　　吼猴每天成群结队地在它们的领地里巡游，边走边吼。不同的族群在听到对方的吼声时，常会互相尊重对方的领地，绕道而行，而很少正面冲突。但有人曾在一场暴雨中看到三队吼猴在一个峡谷中狭路相逢，也许是暴雨掩盖了它们的吼声，三队猴群在看到对方后，竟都惊慌失措，一边大吼一边四处奔窜，结果刹那间便逃得一只也不剩。

　　启示：声音大的人并不表示胆子也大，有人像吼猴一样吼个不停，无非是在虚张声势。

无翼鸟

失去飞翔的能力

在澳大利亚和新西兰，有许多其他洲所没有的动物，一般认为这是因为此处与其他陆地板块隔绝，长期而单独演化的结果。

新西兰有很多不会飞的鸟，比如无翼鸟、短翅水鸡和鸮鹦鹉等。

无翼鸟的两个翅膀甚至退化到几乎看不见的程度，它也没有尾巴，羽毛蓬松，像哺乳动物的毛发，但喙却变得特别细长，它们靠此在地上啄食昆虫为生。

鸟类的翅膀原是有利于生存的自然配备，但为什么会退化呢？有人认为这是因为当地没有陆生的食肉动物，在缺乏天敌的情况下，飞翔变得缺乏意义，所以它们演化出较重的体重与较小的翅膀，改到陆地上生活，慢慢地就不会飞了。

启示：在缺乏敌人威胁的情况下，人会变得懒散，进而失去上天所赋予他的某些能力。

野狼

奴颜婢膝

在阶级分明的动物群中，位于下阶的雄性动物如何向上级表示恭顺是一门"学问"，它们用的纯粹是肢体语言。

地位低的欧洲野牛，在走近地位高的牛老大身旁时，会低垂眼睫毛，这样它们虽然看不到对方的"脸色"，也绝不会受到攻击。

地位低的野狼，在走近首领身边时，也会低下头来，将两耳往后垂，眼神内敛（自我反省的模样），并将尾巴夹在两腿之间。

如果地位低的动物"失礼"，被位高者觉得它心存挑衅、"居心叵测"，那它立刻会受到教训式的攻击，但只要地位低者再度表现出恭顺的模样，位高者也会见好就收。

启示：所谓"奴颜婢膝"，并非人类独创，也是某些动物的选择，人类只是以语言文字又让它"更上一层楼"而已。

腔棘鱼

戏弄专家

动物学家很早就发现了腔棘鱼的化石，这种鱼鳍像四肢的鱼，被认为是鱼类爬上陆地，演化成脊椎动物的关键性角色之一。"可惜的是，腔棘鱼已经绝种"，二十世纪初，鱼类专家们都如此认为。

直到一九三八年，一条在南非海域被捕获而被运到伦敦的怪鱼，被鉴定为是已绝种的腔棘鱼，鱼类专家才又热烈地展开了搜寻"活化石"的工作，在非洲各地的渔村里贴出有巨额赏金的公告。最后，人们终于在印度洋的科摩罗群岛上发现了它们的踪迹。当地渔民说，这种鱼是他们司空见惯的鱼，并不好吃。渔民喜欢用腔棘鱼的鳞片来磨平粗糙水管的管壁，当然，他们更不知道这种鱼竟是被视同珍宝的"活化石"。

启示：很多所谓的专家，受限于经验，对很多事情的看法反而不如身在其中的村夫。

猴

打人看身份

　　科学家用猴子做实验，用电刺激它脑中的某个部位，即会触发它的攻击行为，这个区域被科学家们视为其攻击行为的神经中枢。这似乎表示，攻击性不仅是本能，而且还有与生俱来的配备。

　　但我们还要看这只猴子在受刺激时，它面对的是什么对象。猴子的族群是有阶级性的，如果在它面前的是阶级比它低的猴子，那么受激的它会不客气地攻击这只倒霉的猴子。但如果在它面前的是阶级比它高的猴子，那么受激的它不仅不会攻击，反而会夹着尾巴逃走。后来的学习认知，压抑了它原本具有的攻击本能。

　　启示：人比猴子更具有认知能力，碰到这种情形，不但不会"夹着尾巴逃走"，还会"强颜欢笑"。

蝙蝠蛾

谍对谍

某些蝙蝠以蛾为猎物。蝙蝠虽视力极差，但可以发出频率高达两万到十万赫兹的超声波（人类所能听到的声音，频率范围在二十到两万赫兹之间），蝙蝠判读这些声音的回音，就可以判断蛾的位置、速度及方向，而加以捕杀。

为了避免这种威胁，有些蛾就调整了它们的听觉器官，让自己能收听到蝙蝠高音调的叫声。有一种蛾更能发出模拟蝙蝠声音的拍翅声，来干扰蝙蝠的声呐系统，制造错误的情报，而使其转向。

蝙蝠具有"超能力"，蛾为了生存，自然会发展出一套能侦测并破解其"超能力"的策略。

启示：当一方设计出某种精密的技术时，敌方通常也能制造出能侦测、反制这种技术的武器。

驯鹿
狼

残酷的默契

加拿大北部的驯鹿，每年会循着一定路线迁徙，狼就利用这个机会来猎食。当狼群发现一群驯鹿时，它们通常会先做一连串试探性的冲撞，以找出鹿群中跑不快或跑不动、受了伤的弱鹿，然后再集中火力，轮流领头追赶，合力捕杀这只弱鹿。

狼群在捕杀弱鹿时，鹿群并不前来救援，但也不惊慌乱窜，而是停止奔跑，站在远处。鹿群和狼群之间似乎有某种默契。事实上，狼群很少能捕到健壮的驯鹿，它们捕杀的通常是有病、畸形、孱弱，在大迁徙过程中应该被淘汰的弱鹿。所以狼群对鹿群整体的发展而言，还是有益的。

启示：弱肉强食，有时引来外敌常是淘汰自己内部"不良分子"的最好方法。

海鸥

大愚若智

鸟类筑巢孵蛋，是一种本能。有一种海鸥，在孵蛋时，如果蛋掉到巢外，它会站起来，将蛋再推回巢里。

乍看之下，这似乎是一种舐犊情深的举动，也就是有"心思"的行为。但海鸥其实只认得蛋上的特殊斑纹，动物学家曾用一系列实验证实，海鸥的这种行为跟蛋的形状及是不是它的蛋都没有关系，只要是有那种特殊斑纹的东西，海鸥都会将它们推到巢内，加以孵化。

科学家将各种立方体、三角锥、圆柱体的木块涂上那种特殊的斑纹，海鸥就会煞有介事地坐在上面，想将它们孵成小海鸥。

启示：所谓"大愚若智"，某些人所表现出来的看似颇有心思的行为，其实只是来自维护自身利益的本能反应。

大象

都是无聊惹的祸

动物园里的动物均由管理员定时供应食物，照理说，动物们是绝不会挨饿的，但它们还是会不停地吃由游客丢进来的各种可吃及不可吃的东西，比如糖果、塑料袋、纸盒等。

有一头母象，在某天的监测中，除了正常的食物外，还吃下了游客给它的一百七十六粒花生米、一千三百三十个苹果、一千零八十九片面包、八百一十一块饼干、一百九十九瓣橘子、十七根香蕉、一个汉堡、一条鞋带及一只女用皮手套。

动物学家认为，动物园里的动物之所以吃个不停，完全是因为无事可做，也就是无聊。

启示：在缺乏适量刺激的情况下，人也会靠吃来打发无聊、填补空虚。

狮

无聊为戏弄之母

动物学家莫里斯报告说，在某个动物园里有一头雄狮，以戏弄观众来消除自己的烦闷。它撒尿时，本是朝后方的某个方位直直射出的，但当观众在铁栏边安心地观赏被困在笼中的百兽之王时，这头雄狮会突然朝铁栏射尿，于是栏外第一排几个倒霉的观众就会受到尿骚味的"洗礼"，所有的观众都会惊叫着四处躲闪，然后再慢慢靠近栏边看个究竟。

时间久了，这头雄狮竟又发明了一个绝招，当它要小便时，不会把尿一次射光，而是还保留一些，等到第一次没被射到的观众再度拥到栏边想看个清楚时，它又会突然射出剩余的尿，给观众第二次"洗礼"。

启示：戏弄他人，常是为了解闷，是名副其实的无聊透顶。现代人的生活中也充满了戏弄，是否也是因为无聊？

鮟鱇

光明诱敌术

在海平面一千米以下的深海，太阳光无法抵达，是个完全黑暗的世界。生活于这一黑暗世界中的鱼类，都会自己发光，不是身上寄生着发光细菌，就是自己长有发光器官。

鮟鱇的发光器官很特殊，是由背鳍演变成一条垂在嘴巴前的细绳，尾端则膨大成一个闪闪发光的光体，好像提着一个灯笼般。但鮟鱇的发光体并非是用来照明的，而是用来诱敌的，当其他鱼类看到这种晃动的光，游过来想看个究竟时，它就大嘴一张，将对方吞入肚内。其实，深海中会发光的鱼类，它们"燃烧"自己的主要目的，都是为了引诱猎物。

启示："燃烧自己，照亮敌人"，在人类世界里，亦有这种诱敌手法。

黄蜂

黑吃黑

有一种黄蜂（种子黄蜂），会将细长的产卵管直接插入冷杉果内，把卵产在果内的种子里，幼虫孵化后，就以冷杉的种子为食。最后，幼虫肥胖的身体会塞满种子的外壳，并在里面化蛹蛰居，等到春天来临，球果裂开，它们才破壳而出。

但"道高一尺，魔高一丈"，另有一种黄蜂（寄生黄蜂），产卵期较晚，它们耐心等待冷杉果裂开后，在种子外壳上咬一个洞，吸食寄居在内的种子黄蜂的体液，获得生存所需的蛋白质，然后在已死的种子黄蜂幼虫边产下一枚卵，卵孵化后，就以身边的种子黄蜂幼虫为食物。

启示：你吸别人的血，自然另有人想来吸你的血，一种寄生常引来另一种寄生，因此做人要心存善念。

松鼠

连锁反应

自然界里的动物之间，借着食物链的关系，而维持着一种巧妙的生态平衡。如果其中有某种动物遭受人为迫害，则可能会引起连锁反应，使自然界的平衡受到始料不及的破坏。

例如，在中国的部分地区，由于老鹰、蛇及其他野生食肉动物被滥捕滥杀，在缺乏天敌的情况下，松鼠开始过度繁殖，这些松鼠四处啃咬树皮，特别是人们辛苦种植的杉树，杉树即因菌类感染或水分难以输送上去，而逐渐枯死。于是在一些林区内，青翠的杉林中经常可看到一棵棵、一丛丛叶子变红、形将枯死的杉树。这都是松鼠的"杰作"，而其根源则来自人对野生动物的滥杀。

启示：人类破坏生态平衡的每一举动，在连锁反应之后，必然又会弹回人类身上，而这通常是得不偿失的。

武士蚁

役使奴隶

蚂蚁像人类一样过着高度分工化的群居生活，不同的蚁群也会彼此攻击。其中最特殊的是一种具有大颚的武士蚁，它们会成群结队，攻进丝光褐蚁的巢中，以其大颚咬死丝光褐蚁，然后将丝光褐林蚁的蛹带回自己的住处。

丝光褐林蚁的蛹孵出来以后，误以为这是自己的窝巢，而不知反抗地终生为它们的征服者卖命，不但要出去收集食物，而且还要亲自喂食主人（因武士蚁的颚太大，无法自己摄食），成了悲惨的"奴隶"。当巢中的丝光褐林蚁数目不足时，武士蚁又会去进攻另一个丝光褐林蚁的巢穴，以补充"奴隶"。

启示：有组织的社会就会出现有组织的剥削。人类社会里也有过某些种族、某些阶级沦为"奴隶"的悲惨历史。

经济致用篇

恐龙

兴盛与危机

恐龙曾经主宰整个地球长达一亿六千万年之久，根据化石推算，这些种类繁多的庞然大物活跃于距今约两亿三千五百万年至六千五百万年前的地球上，之后由于某种不明的原因而灭绝。

除了陨石撞击地球这个最常被提到的原因外，另有一种说法认为，有些恐龙的灭绝是因为它的体型，在弱肉强食的时代，拥有庞大的体型是生存的有利条件，但在体型超过一定限度后，反而会成为一种负担，不仅使它行动变得迟缓、心肺工作量增加，而且需要巨量的食物来供应维持生命所需的热量，当它们找不到足够的食物来补充能量时，就走上了灭亡之路。

启示：今天有利于竞争的条件，在明天可能变成威胁自己生存的重担。

猞猁

投资报酬率

在寒带地区的动物，常是它们所属种别中体型最大的，因为较大的体型有助于它们保持体温。但较大的身躯在运动时，也需耗费较多的热量，特别是必须追赶猎物的食肉动物，而它们通常又必须找遍一大块地区才能吃到足够的肉，因此在捕食猎物时，常需考虑热量的"得"与"失"。

北美洲的猞猁吃野兔，也吃驯鹿，但当它在追一只野兔时，追了两百米还追不上，它就会放弃，因为即使追上了，所耗损的热量是吃了这只兔子都补不回来的。不过若它追的是一头小驯鹿，则追得再久，也还划得来。所以猞猁在追小驯鹿时，就会表现出它的恒心与毅力。

启示：较大的投资报酬率，会使人有较大的恒心与毅力。

鱼

两种经营术

鱼类的产卵量，从一次几百个到几百万个，有很大的差异。一般说来，不照顾自己卵的鱼，会产下天文数字般的卵，比如一只雌鳕鱼一次可产六百五十万个卵。虽然雌鳕鱼对它的卵不加理睬，让它们自生自灭，但总有一些卵能成功孕育成小鳕鱼。

回到出生地的鲑鱼，将卵产在上游的浅坑里，而且用沙埋起来，免得被水冲走。有了这种保护措施，它们的产卵量就少了很多，但仍有一万四千个。

有一种非洲罗非鱼在产卵后，会将卵集合起来放入口中，然后吸引雄鱼过来，雄鱼释放出精液，鱼卵就在雌鱼的口中受精，并孵化成鱼苗，这种保护措施更周到，所以它们的产卵量更少，只有千百个。

启示：小本经营，需付出较多的心血；无为而治，则需投入较多的本钱。

鼹鼠

完善的硬件

鼹鼠是一种完全在地下生活的地鼠，它们擅长在地底挖洞，挖的不只一条，而是四通八达、呈立体网状的坑道。要挖出这样的坑道当然很辛苦，但一旦完成，就可以坐等食物上门。

同样在地底钻土而行的蚯蚓、昆虫、甲虫等，常会不知不觉闯进鼹鼠的坑道中，而被来回巡逻的鼹鼠捕获。鼹鼠在自制的网状坑道里绕行一周（有时要花上好几个小时），就可以抓到很多掉进陷阱的猎物。如果俘获太多，鼹鼠会将吃不完的猎物先咬死，放在储藏室里。有人曾在鼹鼠的储藏室里发现过数以千计的昆虫尸体。

启示：只有先多花些时间准备好完善的硬件设施，后续才有安逸清闲的日子可过。

蚂蚁

蚂蚁的牧场

蚜虫吸取叶汁，然后分泌（排泄）出一种带有糖分的液体，蚂蚁喜欢吃这种液体，于是它们想出一种聪明的办法，即将蚜虫驱赶到多叶的地方，然后用泥土将它们围起来，形成一个好像人类放牧乳牛的牧场。

蚂蚁不时地来挤取蚜虫分泌的甜液，并保护"牧场"，若有其他昆虫侵入，蚂蚁便会不客气地释放出蚁酸来驱赶它们。

到了夏天快结束时，蚜虫纷纷死亡，蚂蚁就把蚜虫所生的卵扛回自己的窝中。到了第二年春天，小蚜虫孵化出来后，蚂蚁又把它们扛出来，带到一个长满新鲜草叶的区域去"放牧"，榨取它们分泌的甜液。

启示：人类放牧的动物更多，甚至还包括"人"在内，但保护的美名，却掩不住剥削与榨取的事实。

鼬

猎场何须大

野生的食肉动物，需要有它们的猎场，猎场的大小通常以它们能够捕食到足够的猎物为依据，但并非食量大的食肉动物，就要有较大的猎场。

就比如对于同属鼬科且猎物大致相同的短尾鼬和长尾鼬而言，短尾鼬的身体约为长尾鼬的两倍，但它的猎场是长尾鼬的八倍，原因是短尾鼬只能在地面上捕猎，而长尾鼬在追捕同样的猎物时，却能追到地洞里。所以它不必有太大的猎场。

又比如约重两千克的松貂，它们的猎场广达二十平方千米。反之，约重四点五千克的红狐，却只需约二点五平方千米的猎场。这是因为松貂很挑食，只以红松鼠和雪兔为猎物，而红狐能吃更多种类的小动物，所以它们只需较小的猎场。

启示：有些地方很小，却有着很多人，是因为人什么东西都吃、什么钱都赚。

丽龟

繁殖的策略

在太平洋和大西洋中，丽龟是最常见的一种海龟。丽龟虽生活在大海里，但需到岸上产卵。在夏末秋初的某几个晚上，成千上万的丽龟会不约而同地出现在某几处荒僻的海滩上，挖洞产卵，每只龟约产下一百个卵，用沙子盖上，再回到海中。

但没隔多久，又有另一批成千上万的丽龟来到同一处海滩上产卵，它们经常会弄破前批海龟产下的卵，结果能够孵化出来的卵还不到总数的五百分之一。

这种集体而密集式的产卵虽有缺点，但因为这里的海滩在一年中的大多数时候都是荒凉的，不会有定居的掠食者，丽龟反而能因此成为数目最多的海龟。

启示：短时间的大量耗损，还是比小量但持续的耗损来得划算。

反刍动物

摄食二阶段论

牛、羊、鹿等食草动物，又称反刍动物。在进食时，它们先用门牙切断青草，直接将青草送入瘤胃中，瘤胃会花数小时的时间挤拌、压榨食物，并借寄生的细菌分解不易消化的纤维素。等到食物变成半消化的糊状物后，再吐回嘴中，用臼齿一次一小口地慢慢咀嚼，然后再将它们吞下去。反刍过的食物这次会直接越过瘤胃，进入有吸收功能的胃中。

这种摄食方式有很多优点，它不仅是消化纤维素最有效的方法，而且可以减少进食时暴露于旷野中的危险，快速吃进所需的食物，然后躲到安全的地方反刍，细嚼慢咽，品尝得来不易的成果。

启示：年轻时代学过的不易"消化"的东西，也应该在一段时间的搅拌及分解后，重新反刍，这样才能真正吸收它们的精华。

营冢鸟

劳心与劳力

　　澳大利亚的营冢鸟以一种奇特的方式孵蛋。在秋末时，雄鸟先挖个约四点五米宽、一米深的"冢"，放进湿叶、青草等，然后用沙把它盖好，冢里的植物便会因腐烂而散发出热气。春天来临时，雄鸟会在冢上挖一个洞，让雌鸟下蛋，利用冢里的热气来孵蛋。

　　雌鸟每星期下一个蛋，持续约六七个月，雄鸟则经常以其舌头为"温度计"去测量冢温。温度不够，就增加沙量；温度太高，就减少沙量。雌鸟要下蛋时也会先测温，如果温度不到三十三摄氏度，它就在旁等候雄鸟调节好冢温才"进场"。每一个蛋在冢里要孵七周，雏鸟才破壳而出，自行爬出沙堆。

　　启示：没有一只鸟受得了六七个月的马拉松式的孵蛋，多动一点脑力，就可以减少很多劳力。

老虎

顺势而为

美国国家动物园里有一只老虎成天懒洋洋地躺在假山上，管理员亚特以行为主义的"操作性制约"训练这只老虎在有水的壕沟里推啤酒桶，在一再的奖励、强化、制约下，这只老虎做到了大家认为不可能的事。

但这主要归功于亚特是顺着老虎的习性去训练的，因为猫科动物（老虎属猫科）会游泳，而且喜欢用爪去抓会动的东西，这是它的本能，所以亚特能训练它在壕沟里玩啤酒桶。但猫科动物也有"遇事犹疑"的习性，因此，老虎经常要在沟边徘徊二十分钟才下水，精于"操作性制约"的亚特很难改变它这种习性，只能耐心等待。

启示：每个人都有天生的气质，顺着他的气质去教导他，通常能事半功倍，而想要改变其气质，则相当困难。

鲸鱼企鹅

沉潜功夫

一些从陆地上又回到海中生活的哺乳类（如鲸鱼）及鸟类（如企鹅），必须用肺来呼吸新鲜的空气。但这些动物很少在海平面上活动——一边呼吸一边游泳，而宁可实行潜泳于海中，隔一段时间再浮出水面换气的方式。

主要原因是潜泳于海中比浮游于海面所耗费的能量要更少，比如每小时要前进八千米，浮游于海面所需的能量约为潜泳于海中的两倍，如果每小时要前进约二十五千米，那所需的能量更增加为十倍。这是因为浮游于海面时，很多能量都浪费在翻滚的波浪上面。换句话说，在一定的体能极限下，潜泳于海中，再偶尔探头换气，能游更远的路。

启示：当其他条件相同时，静下心来潜修比将精力浪费在"应酬"上，会带来更大的进步。

兔子

垃圾回收

专门以植物为食的动物，其牙齿和胃常常会产生特殊的演化，因为植物的根、茎、叶比起动物的肉来，是较不容易咀嚼和消化的。

兔子除了有两颗大门牙外，臼齿和胃都没有什么特别的演化，但它们以另一种方式来解决这个问题。

当兔子吃下了一大堆叶子，经牙齿咀嚼后，把叶渣送进胃中由消化液和肠道细菌来处理。初步吸收养分后，残余物就变成一个个小圆球般的粪便被排出体外，但这样丢掉太可惜了，兔子往往会将它们又吞进去，让它们在胃里重新被消化吸收。这比它们冒着生命危险再外出摄食，可能获益更多。

启示：废物的回收与利用，不仅可节约能源，而且还能减少危险。

骆驼

集中与平均

有"沙漠之舟"美称的骆驼，以耐渴和耐热而闻名。在炙热的沙漠中行走，它可以好几天不喝水，也很少流汗。对沙漠中的动物来说，流汗是一件"两难"的事情，因为它虽具有散热功能，但也会失去水分，骆驼的驼峰则巧妙地解决了这个问题。

一般人认为驼峰是贮水的，但它贮存的其实是脂肪。骆驼把应分散在全身各处皮下的脂肪都集中在背上的驼峰里，皮下没有脂肪，不必流汗也容易散热。而在挨饿时，骆驼就用驼峰里的脂肪作为能量，在长时间没水喝时，它甚至能将一部分脂肪转化为液体。因此，"变瘦"的骆驼指的应该是驼峰像一个干扁皮囊的骆驼。

启示：要解决"两难问题"，把问题集中往往比把问题分散拆解更有效。

象海豹

毕其功于一役

象海豹原是陆生哺乳动物，因此到海中生活后，它们不像鲸鱼一样永远告别陆地，而需再回到岸上交配和生育。

每年九、十月，南极大地春回，是象海豹的交配季节，但它们的妊娠期约有六七个月，若照正常情况，翌年四月左右雌象海豹又需上岸生产，不仅时机不对，而且两次往返于岸上也颇劳神费力。于是，造物主赋予它们"延迟着胎"的技巧来解决这个难题。

在岸上交配后，雌象海豹便回到海中，但受精卵在延迟四个月后才开始在子宫中着床发育，到翌年九月，重回岸上时，小象海豹刚好瓜熟蒂落。哺乳三周后，雌象海豹便可以再和雄象海豹交配，如此一来，一次上岸即解决两个问题，将生育和交配毕其功于一役。

启示：只有经过合理的安排，才能花最少的力气做更多的事。

老鼠

让别人发挥潜能

生活在沙漠中的动物，身体水分的含量与其他动物差不多，约占身体的百分之六十到百分之七十（哺乳动物），但在沙漠中经常看不到一滴水，那么它们到底从哪里获得水分呢？

澳大利亚沙漠里有一种老鼠，以植物种子为食，但在找到种子后它们并不马上吃，而是先把种子收集起来放在洞穴里。这些非常干燥、渗透压很高（高达四百到五百气压）的种子，会从洞穴里的砂或土壤里吸收水分，老鼠等种子吸足了水分之后才吃掉它们，可以说是一举两得。

当然，沙漠空气中的水蒸气到晚上温度降低后，也会在岩石缝隙或深坑中形成露水，这亦是它们的水源之一。

启示：懂得欣赏别人的潜能，让他尽量发挥，然后为己所用，是一种智慧。

白鹭鸶

流动摊贩

在一些地区，人们常可见到水牛的背上栖息着白鹭鸶，两者成一种互利共生的关系——牛靠鹭鸶驱赶身上的蚊虫，而鹭鸶则捕食牛身上的寄生虫及草中被牛惊扰而跑出的小虫。

但如果鹭鸶太多，就会发生抢地盘的情形，一只鹭鸶会将一头牛视为它的"流动地盘"，牛走到哪里，它就跟到哪里。有时候，两只鹭鸶共同"享有"一头牛，一只占据牛的左侧，一只则占据牛的右侧，当别的鹭鸶想来分一杯羹时，它们就会合力将它赶走。

但这种"地盘关系"只能维持一日，第二天一早，每只鹭鸶又要重新去寻找牛（不一定是昨天那一头），赶着抢地盘。

启示：一些广场与摊贩的关系一如牛与鹭鸶，它们互利共生，而且摊贩有的亦是以日为单位的流动地盘。

毛虫

不在场证明

 像蛾、蜂、蝴蝶等昆虫，生命有两个截然不同的阶段，在毛虫的阶段，它唯一的任务就是不停地吃，以储备蜕变所需的能量。

 毛虫是很多鸟类的主食，所以它经常用保护色或拟态来保护自己，当毛虫的色泽和形态近似于它们栖身的枝叶时，它们就很难被发现，但捕食它们的鸟类还是能找到它们。鸟所用的方法不是找毛虫，而是找毛虫刚吃过的叶片。

 所以有些毛虫在吃叶片时，若不是将叶片整片吃光，就是耐心咬断吃剩的叶柄或叶片，不留下在此进食的痕迹。如果要休息，它们也不会在刚吃过的叶片附近，而是爬到距此较远的地方。

 启示：不管做什么事，消灭会暴露身份的证据都比伪装更重要。

虾蟹

危险的成长期

蟹、虾等甲壳动物，由于全身都包在一层如盔甲般的外骨骼里，因此占有不少生存优势。但这层僵硬的外骨骼无法随身体的成长而扩大，这也是一个问题，克服这个难题的方法是它们必须定期蜕壳。

在旧壳容不下身体时，它们会先将硬壳中的碳酸钙吸收到体液中（它是日后外骨骼生成的材料），然后在里面长出一层柔软、有皱褶的新壳，最后旧壳裂开，从旧壳中挣脱出来的甲壳动物会先到安全的地方躲藏，同时快速地成长。

变大的身体将有皱褶的新壳撑开，而原来柔软的新壳也因碳酸钙的注入而硬化，此时，它们又可以到外面的世界里"横行"了。

启示：成长与安全常面临两难，而需有所蜕化，但蜕化期也是危险期。

海蛞蝓

接收武器

　　海蛞蝓又称海麒麟，是海中的"无壳蜗牛"，与海螺是亲戚。从进化的观点来看，它们不是长不出壳来，而是抛弃过分沉重的外壳，露出色彩鲜艳的身体，结果成了最美丽的软体动物。

　　它们虽然没有外壳的保护，但另有御敌方法，其中最特别的一个方法是，某些海蛞蝓会在近海处用刺丝捕捉水母，在吃了水母后还"废物利用"，将水母身上有毒的刺细胞贮存在自己的裸鳃内，并把刺细胞的尖端朝外，结果这些原来属于水母的武器，就成为它们防御敌人的利器。这比用鲜艳的色彩或分泌有恶臭的汁液来退敌更具巧思。

　　启示：在打倒对方后，接收对方的武器、资源和人马，化为己用，是高度智慧的表现。

棱皮龟

掩饰与窥伺

棱皮龟是世界上最大的海龟，它们常在满潮的月夜，数十只一批地出现在马来西亚东部等海滩上产卵，用巨大的鳍支撑六百千克的体重在沙滩上蹒跚而行，每隔几分钟就要停下来休息，大概要爬行半个多钟头，才能找到适合产卵的沙带。

抵达后，它们用前鳍拼命挖沙，挖出一个大洞后，再将一个个的卵产在洞中。它们常一边产卵，一边发出深沉的叹息声。产卵完毕，用鳍把沙盖回后，它们又会在岸上各处游走，挖坑推沙，似乎想以混乱的痕迹来掩盖它们来此下蛋的行踪。但这一切往往是徒劳的，因为在岸边通宵守候的人们，早就知道蛋下在哪里，甚至在棱皮龟下了蛋，还来不及将沙盖回时，就已蜂拥而上捡拾龟蛋了。

启示：最佳的掩饰方法只有一种，那就是不让人窥视。

水獭
老虎

实习课程

打猎是食肉动物在独立之前最后的必修课程，这一堂课通常是由母亲教导的。母水獭在抓到鱼或青蛙时，会以此作为"见习材料"，叫来子女，将猎物松开，让孩子们再去追捕这些死里逃生的鱼或青蛙。小水獭们兴奋地追逐，开始时显得有点笨拙，但一回生两回熟，慢慢地便学会了抓鱼捕蛙的技巧。

猫科动物也有这种课程，小虎在一岁左右即跟着母亲出猎，母虎会将一头小牛或小鹿击倒，让小虎上阵，对猎物的脖子施以致命的一击。而母猫则会将被它折腾得半死的老鼠带回窝里，让小猫们猎杀。母虎和母猫通常只在一旁观看，只有当猎物看似要逃离时才会出手帮忙。

启示：对生手而言，实习乃是必要的磨炼。

燕

自备纸尿裤

多数动物都是随地大小便的，这对能四处走动的成年动物较不成问题，但对于无行动能力的幼雏，若任其将大小便都解决在窝巢内，就会构成严重的卫生问题。特别是对于窝巢小、雏鸟不止一只，而且大小便又一起排出的鸟类来说，更是如此。

但自然也给了它们一种巧妙的安排。很多鸟类的幼雏，它们的小便不仅浓缩（水分少）了，而且在与大便一齐排出时，会被包在一个膜状的小囊里，像个纸尿裤或垃圾袋，好方便母鸟将它们捡出并丢到巢外。

有一种燕子更妙，雏燕先是张大嘴巴对着亲鸟求食，在饱食之后不久，即又翘着屁股对着亲鸟，让亲鸟将它们突出于泄殖腔外的"废物袋"衔出，抛到巢外。

启示：人类没有天生的纸尿裤，所以就自己发明了一个。可见，发明乃是由于不足。

老鹰

快速的影像

　　鸟类在空中飞行，除了要有相当完善的飞行设备外，还要有特别敏锐的视觉，以利于在高速飞行时，发现地面上的猎物，并正确估算着陆捕杀的距离。

　　就拿鹰来说，其视力的敏锐度约为人眼的八倍，可以从数百米的高空看到地面上的老鼠，其周边视野也远胜于人眼。但更重要的是，它们视觉暂留的时间非常短，人眼视觉暂留的时间约为二十四分之一秒，而鹰眼则为二百分之一秒，因此，一秒钟放映二十四张照片的电影，会被人眼看成连续的动作，但若给老鹰看，就会变成呆滞、沉闷的幻灯片了。视觉暂留时间短，才可以使它们在快速飞行时，看清地面上移动的猎物。

　　启示：生活步调快速的现代人，每件事情在他们心中暂留的时间也比较短。

乌鸦

聪明的杂食者

一般说来，只以一种东西为食物的动物，适应能力通常较差。有不少濒临灭绝的动物，就有这种倾向，比如中国的熊猫，它们基本只吃竹叶；澳大利亚的树袋熊，则只吃桉树叶。若非人类保护，它们可能早已绝种。

杂食性的动物不仅适应力较好，而且常是较"聪明"的。在鸟类中，乌鸦几乎什么东西都吃，谷类、水果、昆虫、鸟蛋、老鼠、腐肉等都可以成为它们的食物。它们甚至还吃贝类动物，它们会用喙夹着贝壳，猛力摔向岩石，把硬壳摔破，然后吃里面的肉。

165

很多人都讨厌乌鸦，但它们还是生活得很好，这表示它们在不利的生活环境中，仍有极佳的适应能力。事实上，人类社会有很多关于乌鸦"智慧"的传说。

启示：人类也是杂食动物，食物的多样化反映的不只是肠胃的适应力，还有头脑的弹性。

海参

能舍人之难舍

海参是一种棘皮动物，圆筒形的身体像一根香肠，身体一端的开口是口，另一端的开口是肛门，中间是一些具有消化及呼吸作用的小管。

海参自卫的方法非常特别，当它们被人类捉住时，它们会把体内又黏又湿的小管，还有杂七杂八的东西从肛门排出来，缠到人的手指上，当你还来不及脱手时，它就乘机溜走了。碰到虾、蟹前来招惹或大敌压境时，它们也会同样弃甲曳兵而逃——排出黏稠成团的内脏，十分惨不忍睹，而它们却"无脏一身轻"地从容离去。只要经过几周的时间，海参就可以重新再长出一套新的内脏来。

启示：海参能舍人之难舍，无他，只因它们想要活命耳。

袋鼠

最后的晚餐

袋鼠虽名为鼠，但并不像其他啮齿类动物，有终身不断生长的锐利门牙。它们更像食草动物，以臼齿来咀嚼野草。

野草对臼齿的损害性很大，所以很多食草动物在臼齿脱落后，都可以再生。但不幸的是，袋鼠的臼齿无法再生，所以虽然它们左右各有四对臼齿，但平常只使用最前面的一对，等第一对耗损完而自动脱落后，第二对再向前移，取代第一对。平均一对臼齿约可使用五六年。到了十五到二十岁之间，它们便只剩下最后一对臼齿，除非不吃东西，否则势必耗损。而当这一对臼齿磨尽脱落时，它们则"食禄已尽"，即使无病无痛，也会死于饥饿。

启示：人类可用的资源也有限，等大量耗损后才想到要节约，早已追悔莫及。

乌贼

无壳乃大

乌贼与海螺、海蛞蝓等同属软体动物。海蛞蝓因摆脱了外壳，而成了海里最美丽的动物，乌贼则因摆脱了外壳，而成为最大型，也是最聪明的软体动物。

乌贼体内平滑的海螵蛸，就是其退化的外壳，在没有外壳的限制下，乌贼可以长得很大。一九三三年，新西兰海面曾出现长二十一米，眼睛直径达四十厘米的大乌贼，与传说中的"大海怪"非常相像。事实上，动物学家认为，用触手将船只缠绕起来的"大海怪"，并非子虚乌有，它们很可能就是大乌贼，只是因为它们视觉敏锐，动作又快，很少被人类发现而已。

启示：有壳保护的生物，一定大不了；要想做"大哥"，就一定得脱壳而出。

168

野兔狐狸

互为消长

　　加拿大野生动物局的官员曾发现某个地区的野兔数量突然锐减，科学家们于是费心去研究这些野兔是否得了什么传染病，结果始终找不到答案。几年以后，野兔又忽然增多了，然后又莫名其妙地再度减少。野兔数量的增减成了一个无法解开的谜。

　　这时，有另一位官员发现同一地区的狐狸，其数量也莫名其妙地随之增减，当然也找不到原因。

　　最后，有人将这两份报告合而观之，才找到答案。

　　原来，野兔是狐狸的猎物，当野兔数量多时，狐狸因食物充裕，数量也跟着增加。但狐狸增加到一定数量后，野兔就被吃得越来越少，在食物缺乏的情况下，狐狸的数量也跟着减少，结果野兔又获得了喘息与繁殖的机会，于是数量再度增加。

　　启示：引发一起事件的真正原因，经常并非来自内部因素，而是来自为我们所忽视的外部因素。

人生哲理篇

夜莺

其貌不扬，其歌撩人

夜莺悦耳的歌声，曾受到诗人济慈的赞美，但如果你看到夜莺，可能会感到失望，因为它一点也不美丽。

一般说起来，能发出悦耳声音的鸟类，其羽毛多半是朴素的，而且它们多半是住在密林或树丛中。在这样的环境里，视觉信号并不容易捕捉，所以它们改以悦耳动听的鸣叫来吸引异性。布谷鸟、夜莺等就属于这种鸟类。

反之，生活在较空旷场所内的鸟类，比如孔雀、雉鸡、鹦鹉等，则多半是以鲜艳的羽毛来吸引异性，但也许是为了表示造物主的无私，这种鸟的鸣叫声通常是急促、单调、刺耳、难听的。

启示：每个人都有不同的禀赋，每个人都应该学习接纳自己的短处，发挥自己的长处。

公牛

因果的曲解

在电影里，我们常见在西班牙斗牛场上，英姿勃发的斗牛士在公牛面前摇晃一块红布，公牛即会愤怒地冲过去。

红色与攻击性一直被认为有相当密切的关系，但事实上，"激怒"公牛的并非红布，而是红布的"摇晃"，因为公牛其实是色盲。

鱼类、两栖类、爬虫类、鸟类虽多能辨别颜色，但它们所看到的世界和人类眼中的世界是不太一样的；而且很多哺乳动物，比如狗、牛等都是色盲。一块布是红色或绿色，在公牛眼中是一样的。所以，让公牛愤怒地往前冲的，是布的摇动而非色彩。

启示：不要自以为是地把自己的观点强加在别人身上，因为他可能有着和你不一样的认知结构。

秃鹫

光洁与肮脏

在非洲草原的上空，不时有秃鹫飞翔着，它们的视力极佳，可以搜寻地面上几平方千米的范围，一发现腐尸，就会由空中飞落地面。同样是食腐动物的鬣狗，常常注意秃鹫在空中的动向，朝它们飞落的方向奔跑，即可捷足先登。

秃鹫的空中狩猎，得力于它们又长又宽、羽毛丰厚的双翼。但它们的头都是光秃秃的，因为在吃腐肉时，它们需把头伸进兽身的体腔内，为了保持卫生，头颈部的羽毛不得不退化掉。至于埃及秃鹫的头颈部还保留很多毛，那是因为它们只捡食散落在腐尸周围的肉屑，不用担心弄脏自己。

启示：有时候，有的人过分的"光洁"只是因为他们经常暴露在过分"肮脏"的情境中。

174

美洲马

礼失求诸野

汉武帝曾为了求得汗血宝马而出征西域，马在人类的战争史及交通史上，一直扮演着重要的角色。

马的原产地是美洲，在远古时代，它们即越过白令海峡（干枯时）来到亚洲，并向东半球扩散，在亚欧大陆及非洲，它们演化成马、斑马和驴三个种类，并大量繁衍。为了适应环境，它们的染色体起了变化，离白令海峡越近的，染色体越多；越远的，染色体则越少（为了适应较多的环境变迁，较小的染色体融合在一起）。

美洲虽然发现了很多原始马的化石，但在欧洲人抵达之前，马已在美洲绝迹了。美国西部牛仔所骑的马，是西班牙人三百年前从欧洲载运过去的。

启示：中国的很多古籍就像马一样，也在本土绝迹，而散布在美、俄、英、日等国的图书馆，我们要展览，还需向他们商借。

蝉

七日之歌

有"夏日歌手"之称的雄蝉，常攀伏在树干上，不停地振动鼓膜，发出嘹亮的鸣叫，为的是吸引雌蝉来与它们交配，它们似乎急躁地想完成自然所交付自己的使命。但也难怪它们急，因为它们的生命只有一周或更多一些时间而已。

蝉的生命虽然这么短暂，它的幼虫却在土中度过了非常漫长的、不见天日的"童年时代"。刚孵化出来的蝉幼虫，像蚂蚁一样小，很快钻入土中生活，这一钻，少则一年，多则长达十七年（种类不同），才能"出土"羽化成蝉。但"重见天日"的日子又那么短暂，难怪它们要尽情地歌唱了。

启示：七天的嘹亮歌声，来自十七年的沉潜酝酿，人间亦有这种大器晚成者。

狗

精神崩溃

　　巴甫洛夫研究室的一位研究员，以"经典条件反射"的方式训练狗来分辨圆形或椭圆形图案。他让椭圆形图案和喂食联系起来，在制约之下，狗看到椭圆形图案，预想食物的出现，即会流口水。

　　在刚开始时，椭圆形长轴与短轴的比为二比一（即扁椭圆形，和圆形很容易区别），此时，狗的分辨能力很好。但当椭圆形越来越接近圆形时，狗的分辨能力就慢慢减弱，最后，当椭圆形的长轴与短轴之比成为九比八时（一般人都难以将它和圆形分辨开来），狗的分辨力再怎么训练也无法改善，而且出现来回踱步、乱咬东西等焦躁不安的症状，最后连原来具有的分辨力也消失了。

　　启示：长期处于必须做出极微细分辨或判断的情境中，会导致一个人精神崩溃，而且丧失原有的判断力。

金丝雀

要艺也要色

金丝雀是有名的歌手，它们虽天生有一副悦耳的歌喉，但必须在幼时的关键时刻，倾听、学习"老歌手"的歌，长大后才能有动人的歌声。

而且鸟类学家还告诉我们，歌声悦耳的鸟，其羽毛的色泽通常不鲜艳。金丝雀的羽毛本来也是比麻雀更不起眼的黄褐色，但当它们被人饲养，成为观赏鸟后，除了歌声悦耳，还要外形悦目，于是人类便动脑筋改良它们的品种，而产生了乳白、金黄、艳红等羽色鲜艳的新品种金丝雀。

但这种改良并非改变其遗传基因，而是浮于表面的"整容"，它们羽毛的色彩主要来自吃含有色素的饲料，如果不吃这种饲料，它们的羽毛就会褪色。

启示：在人类社会里，对于容貌的重视有过之而无不及，一个人若其貌不扬，即使才艺甚佳，也难有出头之日，这一现象在演艺圈中尤为突出。

黑猩猩

镜里朱颜

黑猩猩是最接近人类的灵长类动物，它的遗传基因有近百分之九十九与人类一样。科学家曾做过如下实验。

先让四只黑猩猩有"在镜子前面照镜子，看到自己影像"的机会，另外两只则不给予这种机会。然后将它们麻醉，在每只的前额或耳朵上戴上一个有颜色的标记物。当它们醒来后，又将它们一一带到镜子前面。

结果，曾经在镜中看到过自己影像的黑猩猩，即会想去掉自己身上有颜色的标记物；没有照过镜子的黑猩猩则不会，因为它们显然不知道自己所看到的，在镜子出现的"那只黑猩猩"就是它们自己。

启示：看到自己的影像并知道那就是自己，是产生自我意识的条件。它的发展需要有适当的环境和机会。

狮

存在先于本质

狮子是食肉动物中演化得最好的一种，它的体型、锐爪与利牙，似乎生来就是要捕杀别种动物的，但它的攻击本能还是必须经由学习才能得到发挥。雄狮没事时，就会寓教于游戏，在原野上教导幼狮如何潜行逼近猎物、利用前爪捕杀动物等基本动作，有了这些历练，幼狮才能真正上场追猎。

《生而自由：野生母狮爱尔莎传奇》这本书，讲述了一头母狮的真实故事。这头母狮自小就被人类当作宠物来抚养，但等它长大后便不再适合家庭养育的环境，养育者决定把它放回原野，但在这之前必须先教它如何猎食才能使它免于饿死。

狮子虽是百兽之王，但它们并非是我们所想象的天生的"猎人"，它们必须经过学习才能表现出攻击性。

启示：没有"天生的××"这回事，学习比禀赋更重要。

蝙蝠

我很丑，可是我很有本领

蝙蝠的容貌奇丑，因而被视为"魔鬼的写照"。它的丑主要在于耳鼻之间，多皱褶的鼻部有的翘起如矛，有的翻掀如叶，有的圈拢如蹄，而又长又尖又薄的耳朵上则布满了弧纹及小珠，但这是一种非常有效的"雷达"系统。

蝙蝠鼻部可以将喉部发出的声音集中起来，形成锥形射束的超声波，遇到目标而折返，丑陋的耳壳及耳珠接收这些回声，蝙蝠即可在黑暗中知道猎物的正确方位，而凭借音波的指引扑向猎物。

在食肉蝙蝠中，蹄蝠最为丑陋，但它们却是演化得最成功，生活得最惬意的。

启示："我很丑，可是我很有本领"，这是蝙蝠的生命之歌；"我很丑，可是我很温柔"，则是某些男人的生命之歌。

仓鼠

预留后路

仓鼠有一种谨慎的习性，当它第一次走出自己的巢穴时，没走几步路，就会立刻转头逃回巢穴，然后再从巢穴探出头来，走比第一次更远的路，接着又立刻掉头逃回巢穴。如此一再地跑出又跑进，才慢慢地扩大自己的活动范围。

也因此，它熟悉从每个经常活动的地点逃回巢穴的路径，一有风吹草动，就立刻一溜烟地退回自己的老巢。如果我们抓到一只成年仓鼠，将它放在陌生的场所里，它的第一要务还是确定方位，找寻回巢的路径。只有熟记逃回巢穴的路径后，它才能安心地从事其他活动。

启示：能够随时为自己准备退路的人活得更从容，因为他不仅做什么都会比较轻松，而且可以更好地保护自己。

猕猴

优秀分子

生物学家华森曾和其他研究者观察日本某个离岛上猕猴的生活形态。他将很多甜薯丢在沙滩上，成群的猕猴开始抢着去捡甜薯来吃。但甜薯上沾着沙粒，猕猴很难将其弄掉，吃起来硌牙，实在是美中不足。有很长一段时间，这个离岛上的猕猴就这样吃着沾着沙粒的甜薯。

有一天，一只十八个月大的母猴忽然灵机一动，把甜薯丢进河里，先洗一洗再吃，其他的猕猴也都跟着有样学样。不久，岛上所有的猕猴都懂得在吃甜薯前，先拿到河里去洗一洗。

华森认为，那只十八个月大的母猴无疑是族群中的"天才"，对猕猴来说，它的举动就像人类发明轮子般，乃是一次重大的"革命"。

启示：要改善生活质量，得仰赖全族群中的优秀分子。

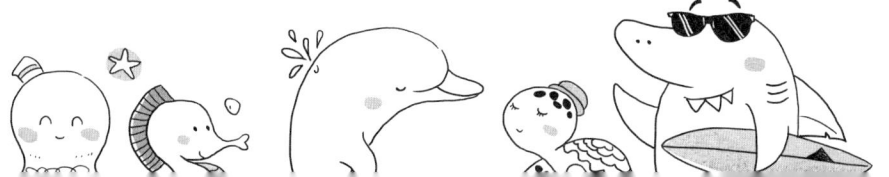

马

所谓"特异功能"

二十世纪初，德国出现了一匹叫汉斯的"天才马"，它能当众表演加减乘除四则运算，比如问它"三加八等于多少"，它就会以顿足十一次来回答。来自世界各地的学者专家、达官显要，甚至当时的德国皇帝都看过它表演的各种"绝活"。

柏林大学的心理学家组成一个委员会专门研究这匹马，得到的结论是：

神马汉斯并没有从事真正的思考，而是以围观者的"身体语言"来决定是否该继续"顿足"。因为当它顿足的次数符合答案时，旁观者总会不自觉地将头抬高或身体前倾，它就知道自己应该"停止"了。如果不让它看围观者"身体语言"的变化，它就会立即变成一匹"笨马"。

启示：一个人的所谓"超能力"或"特异功能"，往往是因为他从我们所忽略的途径中获得了他"不可能"得到的信息。

鹅

生命的关键期

很多鸟类和哺乳类有一种奇特的"印痕行为"，只有在成长过程中的某个关键时刻有了某种特殊经验，将来才能发展出被视为"天性"的行为动物行为模式。

比较心理学家洛伦茨曾对动物行为模式的独到研究而获得诺贝尔奖。他在小鹅出生后不久，就将母鹅抓走，而自己在院子里来回走动，结果这些小鹅就跟在洛伦茨的屁股后面，把洛伦茨当成它们的母亲。如果在小鹅出生后的二十个小时内，不让它们接触任何活体动物，那么之后无论是鹅妈妈还是洛伦茨与小鹅接触，小鹅都不会跟随。因此，洛伦茨将这种无须强化的，在一定时期内形成的反应叫作"发展关键期"。

启示：人类对某些基本能力的学习，比如某些行为及语言，可能也有所谓的关键时刻。

青蛙

表象与真实

青蛙以捕食田野间的小昆虫为生，当它看到小昆虫时，它就会弹起有力的后腿，伸出反卷在口中的舌头，在一伸一缩间，很少有猎物能侥幸逃命。但有一个条件，这些猎物必须在飞翔或移动时，因为青蛙的眼睛只能看到在飞翔或移动中的物体。

如果将青蛙放在一个大盆子里，周围摆满它喜欢吃的小飞虫，但都是死的，不再飞了，这只青蛙最后则会活活饿死。因为周遭那些不会动的小虫，对它而言是不存在的。

哈佛大学某研究者曾发表《青蛙眼睛告诉青蛙大脑什么》的论文，证实青蛙的视神经只对小物体的急速动作有反应。而人类也在很早之前就知道了，在钓青蛙时，必须将饵上下抖动，才能诱它上钩。

启示：所有的生物只能以感觉器官认识世界的某些表象，而无法识得真相。

老鼠

忧患意识

心理学家曾用老鼠做过如下实验：将老鼠分为Ａ、Ｂ两组，都关在笼子里，然后以轻微的电击让老鼠产生痛苦，但它们又无法逃避这种痛苦。

Ａ组老鼠在每次电击来临前的十秒钟会先听到哔哔的警示声，让它们知道痛苦就要来临了；Ｂ组老鼠也可以听到哔哔声，但这些声音和电击的来临无关，也就是电击会突如其来，而毫无示警。

实验结束后，心理学家将老鼠加以解剖，虽然两组老鼠都因压力而产生胃溃疡，但事先得到示警的Ａ组老鼠，溃疡较少也较小，而事先无法得到示警的Ｂ组老鼠，其溃疡的严重程度约为Ａ组的六倍。

启示：事先毫无示警的事件比已有预兆的事件会对个人造成更大的心理冲击，适当的"忧患意识"是好的。

狗

条件反射

　　饥饿的动物在看到可口的食物或闻到食物的香味时即会流口水，这是一种自然的生理反应。

　　俄国生理学家巴甫洛夫做过一个相当有名的实验。他让处于饥饿状态中的狗，在每次获得食物之前，都先听到铃声，让铃声和吃饭产生"联配关系"。他用仪器测量狗分泌唾液（口水）的速度，结果发现，狗在听到铃声而还没有看到食物前，就开始流口水。在联配建立后，甚至只有铃声而没有食物，狗的口水也会流个不停。

　　这就是后来成为行为主义重要基石的"条件反射"，巴甫洛夫因这个发现而荣获一九〇四年的诺贝尔生理学奖。

启示：人类社会更进一步将"条件反射"提升为"操作性制约"，比如将好成绩与奖品联配，而激励你追求好成绩。

涡虫

吃脑补脑吗

芝加哥大学的研究者曾训练涡虫对光做出缩身反应。涡虫对光原本并无本能的缩身反应，但随着灯光的亮起，同时用电刺激涡虫，使它们的身体收缩。在反复的制约学习后，涡虫遇光即会引起缩身反应。

有趣的是，研究者将学会缩身反应的涡虫切成碎片，喂给没有受过训练的涡虫，结果这批新的涡虫不必学习，遇光即会自动产生缩身反应。研究者由此证实，遇光缩身的"技能记忆"是贮存在涡虫体内的某些生化物质之中，新的涡虫吃下这些"记忆分子"，即会自动拥有了遇光缩身的"记忆"。

启示：新几内亚的土著人相信"吃脑能补脑"，其实这只是梦幻般的野性思考。

鸟

有色眼镜

很多鸟类对色彩都相当敏感，这主要是因为它们的视网膜色素带的前面有一层油。

比如蜂鸟等为花授粉的鸟以及鸥鸟等飞翔于蓝天碧海之上的海鸟，其视网膜每一个接收色彩信息的锥状细胞上面都有一滴红色、橘色或黄色的小油滴，它们好像滤色镜，吸收蓝色、绿色的光，而使较多的红光、黄光作用于视觉色素上。对蜂鸟来说，这使它们的眼睛对红黄色系的花朵特别敏感；对鸥鸟来说，这使它们能过滤掉蓝天碧海中过多的蓝色光；对食虫鸟来说，有了这种装备，也使它们在从空中向下俯望时，更易于从一大片的绿色背景中找出猎物。

因此，"油滴"可以说是鸟类与生俱来的"太阳眼镜"。

启示：有人在充满阳光的文学作品里，看到了黑色或灰色，只因为他戴的是"有色眼镜"。

海豚

沟而不通

澎湖渔民残杀海豚的行为，引起环保及爱护动物人士的密切关注。我们应爱护海豚，不只因为它们是可爱的动物，同时更因为它们是具有高度智慧的动物。

海豚群在海中嬉游时，它们所发出的声音，是一种非常复杂的"语言"。

科学家发现，海豚在接受训练后，即能了解人类语言的语意，比如用手语教海豚学习三十五个字，这些字根据某种"语法"即能组成一千个不一样的句子。海豚不仅能了解这些字，而且能了解句子的语法。比如训练者做出"网在篮内"的手语时，海豚即会将渔网投入洗衣篮内；当手势变成"篮在网内"时，海豚又会将篮子丢入渔网中。

启示：海豚了解人类无声的语言，但不了解人类有声的语言；环保人士了解渔民有形的行为，但恐怕无法了解他们无形的观念。

老鼠

遗传的威力

女科学家拉格斯佩兹观察老鼠的行为时，发现一群老鼠中，不管雌雄，总有一位较具攻击性，另一些则较温和。于是，她让这群老鼠中最火爆的雄鼠和最泼辣的雌鼠交配，而最温和的雄鼠则和最温驯的雌鼠交配。在攻击组生下的一窝新鼠中，她又挑出最具攻击性的雌雄两鼠，让它们配成一对，而在温和组生下的一窝新鼠中，则挑出最温和的雌雄两鼠相配对。

重复这种配种实验二十五次以后，产生了截然不同的两组老鼠，攻击组的第二十六代子孙只只都变得凶暴异常，而温和组的第二十六代子孙则只只都极为温驯。

启示：生命中的某些特质，会经由两性的结合而传递给下一代，择偶可不慎乎？

狗猫

谁是忠仆

人类养狗、养猫的历史都相当悠久，但只听说"狗是人类的忠仆"，却没有听过"猫是人类的忠仆"的说法，这可能跟这两种动物的本性有关。

狗的远亲——目前仍在自然界的狼、鬣狗等，都是营群体生活的，也都有尊卑之分，会"尊敬"它们的老大，在被人类驯养后，狗会将人类视为"主人"，甘心做个忠仆，可能是这种习性的延续。

而猫的远亲——狮、虎等，多是独来独往的，在它们的基因里，并没有"尊敬"谁的意识，因此，猫也难以成为人类的"忠仆"。主人想花心血把猫训练成像狗一样对自己忠心耿耿，可以说是徒劳。

启示：人，也有"主人"与"仆人"之分，也有"尊敬"与"忠心"的美德，这可能是人也具有这种本性吧！

老鼠

学习经验

心理学家喜欢训练老鼠走迷宫，借以研究它们的学习和记忆能力。实验生理学家拉西里在一批老鼠走完迷宫后，将某些老鼠的大脑皮质切掉一半以上，结果这些老鼠还能照常走迷宫，只是反应较慢，会有一些小差错而已。他又将其他学会走迷宫的老鼠的大脑左切、右切、上切、下切，结果更进一步证实，老鼠走迷宫的能力与它被切除的大脑皮质的面积呈负相关的关系，即老鼠的大脑皮质切除越多，走迷宫的能力就越低，但不会因此而变得一窍不通。

拉西里因此认为，老鼠走迷宫的学习经验并非贮存在脑中的某一特殊部位中，而是散布在整个大脑皮质中。

启示：理论上，每个脑细胞都贮存了我们的学习经验，就像社会上每个人都追求自由，但唯有通过集体运作，它才会明晰起来。

猴

集体潜意识

每一种动物，在求食、求爱、迁徙、筑巢、守卫领域、游戏、支配与驯服等方面，似乎都有些不必经由学习，而能自然而然就表现出来的特色，它们通常被称为本能。

猴子有猴子的本能，比如喜欢爬上爬下、吃水果、彼此理毛等。脑神经生理学家发现，若将猴子脑中的边缘系统切除，它们虽然还能如常行动，但会在行为上终止"正常猴子"应有的一些行为，所有猴子特有的仪式性行为都消失了，它们会吃垃圾、燃烧的木柴等。换句话说，它们不再"猴模猴样"，不再是一只我们大家都知道的"猴子"。

启示：按照分析心理学家的说法，这只猴子失去了"集体潜意识""种族记忆"。所谓"集体潜意识"可能就存在于脑中的某个部位中。

猫

反射的光辉

　　猫的眼睛在夜间，特别是在光线暗淡的地方，会发出怪异的光芒，让人觉得恐怖。其实这是因为它们的眼底有一层特殊的透明薄膜，叫作"明毯"，能反射进入眼内的光线，再落到视网膜的视觉细胞上，而加强它们在暗处的视力，使它们更适合在夜间活动。

　　同样在夜间活动的猫头鹰，眼睛也会发光；在光线很少的深海活动的鲨鱼，也有这种能力。它们的眼睛不是自己在发光，而是反射外面的光。如果在完全没有光线的地方，那么猫的眼中同样是一片漆黑，而它们当然也就什么都看不见了。

　　启示：猫的眼睛像月亮，只是反射外面来的光；月光让人赞美，而猫的目光却让人惧怕，因为那是猎食者的目光。

蜜蜂

何谓语言

蜜蜂在空中飞舞的舞姿，在人类看来似乎是无意义的动作，但其实那是它们在告诉同类，它们在什么方位、距离多远的地方采到花蜜，通知大家跟去。

飞舞是蜜蜂的语言，而且各地的蜜蜂，表达此种讯息的舞姿不太一样，就像各地的人类有其方言一般。德国的弗里希教授即以此发现而荣获诺贝尔奖。

普林斯顿大学的吉尔德教授曾在离蜂房不远的地方摆放上一桶糖水，他一再移动糖水，蜜蜂在根据舞姿信号找不到糖水后，便会立刻改变舞姿。而后来，在吉尔德还没有将糖水移到预定的位置之前，蜜蜂已先行飞到那里等待。这表示，蜜蜂的舞姿还是一种"有思想"的信号。

启示：人类之所以长期忽略蜜蜂舞姿的深意，是因为我们自陷于"什么叫语言"的框框里。

银鸥

超限刺激

银鸥是一种吃鱼的鸟，它们的下嘴尖端有一颗醒目的红点，当小银鸥肚子饿时，就会去啄它们父母喙边的那颗红点，父母就会把鱼吐出来喂给小银鸥。银鸥下嘴尖端的红点成为喂食的重要信号。

科学家研究发现，若用厚纸板做成银鸥的形状，小银鸥还是会去啄纸板上的红点来讨食，由此可见，这是一种本能的行为。妙的是，如果在一根木棍上画三个红点，将它和画有一个红点的银鸥纸板模型摆在一起，小银鸥则会选择去啄有三个红点的木棍，而非看起来更像银鸥的纸板模型。

研究者因此认为，"红点"才是关键刺激，更多的"红点"成了更具吸引力的刺激。

启示：我们本能地被某些刺激吸引，但超限的刺激往往已是一种异化的刺激。

犰狳

爱之适足以害之

很多动物以分泌物或排泄物的气味来划分自己的势力范围，并吸引异性。犰狳便是以在自己的活动范围内撒尿来做记号，尿的气味好像一堵无形的围墙，当它们置身自己气味的范围内时，它们就会有一种安全感。

在野地被捕获的犰狳，当它们被放到动物园内时，虽然四面有铁栏，但因失去了那代表安全的气味，其中有些犰狳竟离奇地死亡。其他的则连忙在牢笼四周撒尿做记号，以确认自己的地盘。尽职的动物园管理员如果将这些尿渍清洗掉，犰狳立刻又会再撒尿"护盘"，如此反复进行尿液的清除与保卫战，直到有几只犰狳因撒尿太多"脱水"而死，管理员才悟出其中的道理。

启示：一个人的行为必然有其原因，不问原因而想纠正他，"单纯地为他好"，通常是爱之适足以害之。

鲨鱼

单纯的眼光

海中的恐怖杀手鲨鱼，表皮多呈单调的灰色，乍看之下，这似乎是它们在潜近猎物时，不易被猎物发现的一种保护色，但事实并非如此。

鲨鱼的眼睛与多数鱼类相比，有一个显著的不同点，即它们的视网膜上只有分辨明暗的杆状细胞，而缺乏分辨颜色的锥状细胞，任何东西在它们的眼中只是不同层次的"灰色"而已。因此，鲨鱼即使有了缤纷多彩的体色，在异性眼中也是毫无意义的，甚至是演化上的一种浪费，所以它们就一直保持着最纯朴的体色——灰色。

启示： *觉得世界单纯的人，通常是用单纯的眼光去观察世界的人，而他自己也是一个单纯的人。*